Birgit Dickemann-Weber

Prüfung für Personalfachkaufleute (IHK)

Handlungsbereich 4

PERSONAL- UND ORGANISATIONS-ENTWICKLUNG STEUERN

DICKEMANN-WEBER
VERLAG

Bibliografische Information der Deutschen Nationalbibliothek:

Die Deutsche Nationalbibliothek verzeichnet diese Publikation in der Deutschen Nationalbibliografie. Detaillierte bibliografische Daten sind im Internet über http://dnb.d-nb.de abrufbar.

Der Text enthält in der Regel Gruppenbezeichnungen, Berufsbezeichnungen etc. nur in der männlichen Form. Dies dient der sprachlichen Vereinfachung, um sperrige Doppelformulierungen wie Personalfachkaufmann/Personalfachkauffrau zu vermeiden und so den Text lesbarer zu gestalten. Selbstverständlich werden Personalfachkauffrauen in unserem Buch völlig gleichberechtigt angesprochen.

Keine Publikation ist perfekt und fehlerfrei. Anregungen, konstruktive Kritik und sonstige Verbesserungsvorschläge unserer Leser sind daher willkommen und werden gerne aufgenommen. Kontaktieren Sie uns bei Bedarf unter der unten genannten E-Mailadresse.

© Dickemann-Weber GmbH & Co. KG, Erlenbach bei Kandel

4. Auflage 2020

ISBN 978-3-943772-16-6

Autor: Birgit Dickemann-Weber

Satz: Dickemann-Weber GmbH & Co. KG

Foto Umschlag: business people © yukipon00 - Fotolia.com

Webseite: http://dickemann-weber.com

E-Mail: info@dickemann-weber.com

Vorwort zur 4. Auflage

Vielen Dank, dass Sie sich für mein Lehrbuch „Prüfung für Personalfachkaufleute (IHK) - Handlungsbereich 4 - Personal- und Organisationsentwicklung steuern" entschieden haben.

Die 4. Auflage enthält einige Überarbeitungen sowie Verschönerungen.
Schon in der zweiten Auflage wurde die **„Strukturierung der schriftlichen Prüfung"** in das Lehrbuch aufgenommen, mit der Sie bei jedem Kapitel sofort erkennen können, in welchem Umfang das Thema in der schriftlichen Prüfung abgefragt wird.

Wir vom Verlag Dickemann-Weber haben noch eine Vielzahl weiterer Lehrmittel veröffentlicht, die Sie während Ihrer Weiterbildung, aber auch danach, bestens unterstützen. Neben Lehrbüchern, Frage-Antwort-Karten und Lernkarten für die Prüfung zum/zur Personalfachkaufmann/-frau sind bei uns auch Lehrmittel für Industriemeister, Fachwirte, Ausbildung der Ausbilder und andere Weiterbildungskurse der IHK erschienen.

Ich wünsche allen Leserinnen und Lesern viel Freude beim Lernen und eine erfolgreiche Prüfung.

Birgit Dickemann-Weber   Erlenbach b. Kandel, Juni 2020

Aus dem Vorwort der 1. Auflage (2013)

Die Weiterbildung für den IHK-Abschluss „Geprüfte Personalfachkauffrau (IHK)/ Geprüfter Personalfachkaufmann (IHK)" ist äußerst umfangreich und anspruchsvoll, da viele betriebliche Abläufe eng mit den Tätigkeiten in der Personalabteilung verzahnt sind.

Meine über zehnjährige Erfahrung als Dozentin und Prüferin bei verschiedenen IHKs hat mir gezeigt, dass sich viele angehende Personalfachkaufleute schwer tun, den sehr komplexen Stoff in seiner Gesamtheit zu erlernen. Dieses Buch trägt dem Rechnung und wurde von mir so aufgebaut, dass es den Prozess des Lernens und Verstehens bestmöglich unterstützt.

Dieses Lehrbuch stellt in erster Linie den Stoff dar, der für das erfolgreiche Ablegen der Prüfung nötig ist. Durch zahlreiche Fragen und Antworten, Definitionen und Beispiele werden Sie beim Durcharbeiten des Buches auf mögliche Fragestellungen in der Prüfung vorbereitet. Sie fokussieren sich so auf die prüfungsrelevanten Informationen, behalten dabei den Überblick über den Lernstoff und können sich effizient auf die Prüfung vorbereiten.

Die Bücher für die drei weiteren Handlungsbereiche, sowie die zugehörigen Lernkartensätze sind ebenfalls im Verlag Dickemann-Weber erhältlich.

Autor

Birgit Dickemann-Weber studierte zunächst Sozialpädagogik mit Abschluss zur Diplom-Sozialpädagogin (BA) und absolvierte danach erfolgreich an der Universität Mainz das Studium der Rechtswissenschaften mit anschließender Referendarausbildung beim Landgericht in Karlsruhe. In der Folge sammelte sie als Personalreferentin bei einem börsennotierten Unternehmen umfangreiche Erfahrungen im Personalmanagement. Qualifizierungen zur Personalentwicklerin und zur gepr. Wirtschaftsmediatorin (BA) runden ihr Profil ab.

Seit 2002 ist sie als freiberufliche Referentin und Trainerin in verschiedenen Bildungszentren der IHK insbesondere in den Bereichen Recht, Personalführung und Ausbildung der Ausbilder tätig und berät Unternehmen, sowie Fach- und Führungskräfte in allen Fragen des Personalmanagements. Sie ist zudem Prüferin bei der Industrie- und Handelskammer Karlsruhe.

Als Fachbuchautorin schrieb und veröffentlichte sie mehr als 30 Titel u.a. für Personalfachkaufleute.

Verlag

Der **Verlag Dickemann-Weber** wurde 2008 von Birgit Dickemann-Weber und Dirk Weber gegründet. Was als kleines Projekt zur Verbesserung der Weiterbildungsliteratur für IHK-Prüfungen begann, hat sich zwischenzeitlich zu einer echten Erfolgsgeschichte entwickelt. Der Verlag hat es sich zur Aufgabe gemacht, Fachliteratur zu veröffentlichen, die modern gestaltet und leicht verständlich ist. Besonders die konsequente Ausrichtung auf das Bestehen der Prüfungen steht im Fokus.

Der Verlag beschäftigt eine Reihe von hochmotivierten Mitarbeitern und arbeitet mit einer Vielzahl von Autoren zusammen. Das Unternehmen hat seinen Sitz in Erlenbach bei Kandel.

Hinweise zum Buch

Für wen ist es gedacht?

Als angehende Geprüfte Personalfachkaufleute werden Sie später in Ihrem Unternehmen verantwortliche Tätigkeiten und Funktionen in der Personalwirtschaft, Personalberatung oder Personal- und Organisationsentwicklung wahrnehmen. Sie müssen vielfältige Aufgaben sowohl im operativen als auch administrativen Bereich beherrschen und werden auch gestalterisch die Personalpolitik beeinflussen.

Dieses Buch wendet sich an die Weiterbildungsteilnehmer, die ihren IHK-Abschluss erfolgreich ablegen möchten. Die Inhalte des Handlungsbereichs 4 werden kompakt und leicht verständlich vermittelt. Es eignet sich als unterrichtsbegleitendes Lehrbuch für die IHK-Weiterbildung sowie als umfassende Hilfe zur Prüfungsvorbereitung. Mit seinen vielen Fragen und Antworten unterstützt es auch Lerngruppen und die Vor- und Nachbereitung des Unterrichts.

Inhalt und Aktualität

Die Gliederung und die Inhalte des Buches sind auf den aktuellen Rahmenplan der DIHK und auf die Rechtsverordnung über die Prüfung Geprüfte Personalfachkauffrau (IHK)/ Geprüfter Personalfachkaufmann (IHK) abgestimmt.

Dieses Buch ist aktuell auf dem Prüfungsstand für das Jahr der Auflage und für die Frühjahrsprüfung des Folgejahres, sofern es innerhalb des Jahres der Auflage keine prüfungsrelevanten Gesetzesänderungen gibt. Unterjährige prüfungsrelevante Gesetzesänderungen sind die Ausnahme. Wir sind bemüht in diesen Ausnahmefällen die entsprechenden Änderungen auf unserer Webseite zu veröffentlichen.

Da die Weiterbildung für Geprüfte Personalfachkaufleute oft bis zu zwei Jahre dauert, veröffentlichen wir, wenn es Änderungen gibt, Aktualisierungen zu diesem Buch, damit Sie bis zu Ihrer Abschlussprüfung immer aktuelle Literatur in Händen haben. Weitere Informationen dazu erhalten Sie auf unserer Webseite www.dickemann-weber.com.

Weitere Unterstützung für Ihre Prüfung

Das Kapitel „**Strukturierung der schriftlichen Prüfung**" stellt in übersichtlicher Weise dar, welche Prüfungsthemen mit welcher Gewichtung bei den schriftlichen Fortbildungsprüfungen der IHK geprüft werden. Dies gibt Ihnen einen wertvollen Hinweis, welche Lernthemen besonders wichtig sind und auf welche Sie besonderes Augenmerk legen sollten.

Zur Lernkontrolle und kompakten Vorbereitung auf die Prüfung haben wir neben diesem Lehrbuch auch umfangreiche Frage-Antwort-Karten im Programm. Diese und weitere Produkte finden Sie ebenfalls auf www.dickemann-weber.com.

Strukturierung der schriftlichen Prüfung

Die DIHK-Bildungs-GmbH hat ab der Frühjahrsprüfung 2012 die „Strukturierung der schriftlichen Prüfung" verbindlich eingeführt und veröffentlicht, um vorab mehr Transparenz zu schaffen und eine klare Orientierung zu geben.

Mit der Strukturierung werden die Themenschwerpunkte der schriftlichen Prüfungen und ihre prozentuale Verteilung den Teilnehmern, Bildungsträgern und Prüfern bekannt gemacht. Die Vergleichbarkeit von Prüfungen soll damit garantiert werden.

Weitere Unterstützung für Ihre Prüfung

Mit den Angaben zur „Strukturierung der schriftlichen Prüfung" erhalten Sie in diesem Lehrbuch weitere hilfreiche Informationen für die Prüfungsvorbereitung. Auf diese Weise können Sie sich exakt an den Prüfungsanforderungen orientieren und entsprechend differenziert lernen.

Folgende Angaben können der Strukturierung entnommen werden:

- Angabe, welche Gliederungspunkte aus dem Rahmenplan im jeweiligen schriftlichen Prüfungsfach prüfungsrelevant sind.

- Angabe, welche Themen aus dem Rahmenplan im jeweiligen schriftlichen Prüfungsfach prüfungsrelevant sind.

- Angabe, wie viele Punkte für die Prüfungsaufgabe(n) in dem genannten Prüfungsthema vergeben werden.

Es handelt sich bei den Angaben der „Strukturierung" um Richtwerte. In einzelnen Fällen kann davon in geringem Umfang abgewichen werden. Die Strukturierung gilt nur für die bundeseinheitlichen schriftlichen Prüfungen und nicht bei den mündlichen Prüfungen. Themen einer mündlichen Prüfung können weiterhin alle aufgeführten Inhalte eines Prüfungsfaches gemäß Rahmenplan sein.

Diese Strukturierung gilt seit der Frühjahrsprüfung 2012. Änderungen an der Strukturierung können auf der Homepage der DIHK-Bildungs-GmbH unter dem Stichwort „Strukturierung" eingesehen werden.

Strukturierung des Handlungsbereichs 4: Personal- und Organisationsentwicklung steuern

In der folgenden Tabelle ist die Strukturierung für die schriftliche Prüfung „Personal- und Organisationsentwicklung steuern" aufgeführt.

Hinweis:

Im Rahmenplan für Personalfachkaufleute finden Sie diese Prüfung im Teil 4, daher ist in der Tabelle vor den Kapitelnummern auch der Teil 4 aufgeführt. Im Buch haben wir der Einfachheit halber auf diese Angabe verzichtet.

Handlungsbereich 4: Personal- und Organisationsentwicklung steuern

Rahmenplan	Thema	Punkte ca.
4.1	Mitarbeiter beurteilen, deren Potenziale erkennen und fördern	20
4.2	Konzepte für die Kompetenzentwicklung der Mitarbeiter sowie Qualifikationsanalysen und Qualifizierungsprogramme entwerfen und umsetzen	15
4.3	Zielgruppenspezifische Förderprogramme erarbeiten und umsetzen	20
4.4	Qualitätsmanagement in der Personal- und Organisationsentwicklung einsetzen	15
4.5	Führungsmodelle und Führungsinstrumente anwenden, Führungskräfte beraten	20
4.6	Betriebliche Arbeitsformen mitgestalten, Grundsätze moderner Arbeits- und Lernorganisation umsetzen	10
		100

Beispiel:

In der schriftlichen Prüfung werden also je 20 % der zu vergebenden Punkte in den Themen 4.1, 4.3 und 4.5 geprüft. Entsprechend sollten Sie also auf diese Themen Ihren Schwerpunkt legen.

Hinweis:

Die Strukturierung finden Sie zusätzlich auch noch auf jeder Kapitelseite, mit der jedes der oben genannten Themen beginnt.

Inhalt

Einleitung

Personalentwicklung

DEFINITION PERSONALENTWICKLUNG PE

Personalentwicklung beinhaltet alle planmäßigen personen-, stellen- und arbeitsplatzbezogenen Maßnahmen zur Ausbildung, Erhaltung oder Wiederherstellung der beruflichen Qualifikation.

Zentrale Aufgabe der Personalentwicklung ist die **Erhaltung und Erhöhung der beruflichen Handlungskompetenz.**

BEACHTE

Der Begriff „Personalentwicklung" wird in Theorie und Praxis uneinheitlich definiert. Es gibt enge Begriffsfassungen, die die Personalentwicklung inhaltlich auf die Aus- und Weiterbildung begrenzen, und weiter gefasste Definitionen, welche die Personalentwicklung auf alle Maßnahmen, die die Förderung der Unternehmensentwicklung zur Folge haben, ausdehnen.

Die Personalentwicklung kann folgende drei Bereiche umfassen:

1. Berufsvorbereitende Personalentwicklung	Personalentwicklung soll das berufsbefähigende Grundwissen vermitteln und umfasst daher alle Maßnahmen, die auf einen Beruf bzw. einen Arbeitsplatz **vorbereiten**, wie Berufsausbildung, Einarbeitung, Praktikum und Volontariat, Einführung von Hochschulabsolventen.
2. Berufsbegleitende Personalentwicklung	Die berufsbegleitende Personalentwicklung kann auch als Personalentwicklung im engeren Sinne bezeichnet werden. Hierbei wird unterschieden zwischen folgenden Qualifizierungen: ■ **Anpassungsqualifizierung** → dient der Angleichung an veränderte Anforderungen am Arbeitsplatz ■ **Aufstiegsqualifizierung** → vermittelt notwendiges Wissen als Führungskraft; bereitet auf die Übernahme höherwertiger Aufgaben vor ■ **Erhaltungsqualifizierung** → Ausgleich von Kenntnis- und Fertigkeitsverlusten, aufgrund fehlender Ausübung des Berufes ■ **Erweiterungsqualifizierung** → vermittelt zusätzliche Berufsfähigkeit

Die Personalentwicklung kann folgende drei Bereiche umfassen:

3. Berufsverändernde Personalentwicklung	Die berufsverändernde Personalentwicklung umfasst **Maßnahmen der beruflichen Umschulung,** also der Neuorientierung des Mitarbeiters, **und der Rehabilitation.**

Welche Ziele und welchen Nutzen hat die Personalentwicklung aus Unternehmenssicht und aus Mitarbeitersicht?

Ziele und Nutzen der PE aus Unternehmenssicht

- Verbesserung derjenigen Qualifikationsmerkmale, die in der Unternehmung benötigt werden
- Sicherung des notwendigen Bestands an Fach- und Führungskräften sowie an Nachwuchskräften
- Gewinnerzielung durch qualifizierte Mitarbeiter
- Erhaltung und Verbesserung der Wettbewerbsfähigkeit
- Erhaltung und Erhöhung der fachlichen, methodischen und sozialen Qualifikationen der Mitarbeiter
- Anpassung an die Erfordernisse der Technologie- und Marktverhältnisse
- Senkung der Fluktuation
- Erhöhung der Motivation der Mitarbeiter
- Verbesserung des Unternehmensimages
- Verbesserung des Leistungs- und Führungsverhaltens der Mitarbeiter
- Größere Unabhängigkeit vom externen Arbeitsmarkt
- Institutionelle Verstetigung des Lernens

Ziele und Nutzen der PE aus Mitarbeitersicht

- Sicherung des eigenen Arbeitsplatzes
- Erhöhung des Einkommens bzw. Sicherung eines ausreichenden Arbeitseinkommens
- Anpassung der persönlichen Qualifikationen an die Ansprüche und Anforderungen des Arbeitsplatzes
- Verbesserung der Aufstiegschancen
- Möglichkeit zur Entfaltung eigener Fähigkeiten bis hin zur Selbstverwirklichung am Arbeitsplatz
- Mehrung des persönlichen Ansehens, sozialer Aufstieg
- Übernahme größerer Verantwortung
- Erschließung bisher ungenutzter persönlicher Fähigkeiten

15

Organisationsentwicklung

In Abgrenzung zur Personalentwicklung versucht die Organisationsentwicklung strukturelle, technologische und humanistische Aspekte in einem ganzheitlichen Veränderungsprozess zu berücksichtigen.

DEFINITION ORGANISATIONSENTWICKLUNG OE

Organisationsentwicklung ist ein **langfristig** angelegter systematischer Prozess zur Veränderung der Strukturen eines Unternehmens und der darin arbeitenden Menschen (→ **„geplanter sozialer Wandel in Organisationen"**).

 Welche Ziele verfolgt die Organisationsentwicklung?

1. **Verbesserung der Leistungsfähigkeit der Organisation**
   Beispiele:
   Durch effizientere Strukturen, Abläufe und hard facts

2. **Veränderung und Verbesserung der Qualität des Arbeitslebens der Mitarbeiter**
   Beispiele:
   Durch Verbesserung ...
   → der zwischenmenschlichen Kommunikations- und Verhaltensmuster
   → der in der Organisation herrschenden Normen und Werte
   → der Organisationskultur
   → des Gesundheitsschutzes
   → der Beteiligung der Mitarbeiter an Entscheidungen
   → der beruflichen Entwicklungsmöglichkeiten der Mitarbeiter etc.

BEACHTE

Personal- und Organisationsentwicklung sind in einem zukunftsorientierten Unternehmen **wechselseitig** miteinander verbunden, denn die OE braucht die PE und umgekehrt.

- Die **OE** sorgt für Strukturen, steckt Rahmenbedingungen ab, erarbeitet neue Unternehmenskonzepte und setzt diese um (Organisation → Gruppe → Einzelner)
- Die **PE** sorgt für die Handlungskompetenz der Mitarbeiter und damit für die nötige Dynamik im Unternehmen (Einzelner → Gruppe → Organisation)

Wichtig:

Die OE wird getragen vom **Gedanken der „lernenden Organisation".**

DEFINITION „LERNENDE ORGANISATION"

Eine „lernende Organisation" ist ein Unternehmen, das in der Lage ist, den sich ständig verändernden relevanten Umweltanforderungen (= Kunden, Märkte, Produkte) durch geeignete Anpassungen im Innern der Organisation zu begegnen.

Beispiele:

- **Anpassung** formaler **Aufbau- und Ablaufstrukturen** der Organisation,
  d.h. Einführung **flexibler** Formen der Arbeitsorganisation und **Optimierung** der Produkte und Dienstleistungen.

- **Anpassung der Verhaltensmuster der Mitarbeiter,**
  d.h., die Mitarbeiter unterziehen sich einem permanenten Lern- und Anpassungsprozess an sich verändernde Bedingungen durch direkte Mitwirkung und praktische Erfahrung.

  In der lernenden Organisation sind die Mitarbeiter in der Lage, sich ständig weiterzuentwickeln.

Zyklus der Organisationsentwicklung OE:

Ziel der „lernenden Organisation" ist eine **kontinuierliche Organisationsentwicklung**, um die eigene Zukunft des Unternehmens schöpferisch zu gestalten und sich ständig an veränderte Marktbedingungen anzupassen.

1

Mitarbeiter beurteilen, deren Potenziale erkennen und fördern

Strukturierung der schriftlichen Prüfung | 20%

1.1 Mitarbeiterbeurteilung

Systematische Beurteilungen und Bewertungen von Leistungen und Leistungsverhalten der Mitarbeiter sind untrennbar mit der Personalentwicklung verbunden.

DEFINITION MITARBEITERBEURTEILUNG

Eine Mitarbeiterbeurteilung (auch Personalbeurteilung genannt) ist eine planmäßige und systematische Beurteilung von Mitarbeitern, die durch den Vorgesetzten nach vorgegebenen Zeitabständen vorgenommen wird, wobei sich diese Beurteilung auf Beobachtungen innerhalb der alltäglichen Berufspraxis stützt.

 Welche Beurteilungsarten werden unterschieden?

Bei der Beurteilung werden folgende Arten (→ Beurteilungsarten) unterschieden:

Leistungsbeurteilung	Potenzialbeurteilung
■ Eine Leistungsbeurteilung ist **vergangenheits- und gegenwartsbezogen**. ■ Sie beurteilt die **in der Vergangenheit** geleistete **Arbeit des Mitarbeiters**.	■ Eine Potenzialbeurteilung ist **zukunftsbezogen**. ■ Sie beurteilt die **Prognose von Entwicklungsmöglichkeiten**, also die zukünftigen Fähigkeiten des Mitarbeiters in Bezug auf dessen Ressourcen.
Fragestellung: Welche Leistung erbrachte der Mitarbeiter in der Vergangenheit?	**Fragestellung:** Welche Fähigkeiten sind zukünftig für die Aufgabenerledigung notwendig und können eingesetzt werden?

 Was ist der Zweck einer Mitarbeiterbeurteilung?

Die systematische und periodische Mitarbeiterbeurteilung ...

■ soll grundsätzlich die Personalentlohnung, die Personalentwicklung und den Personaleinsatz objektiver und gerechter machen

■ ermöglicht, Mitarbeiterpotenziale zu erkennen und zu nutzen

- ermöglicht die Zurverfügungstellung aktueller Daten, welche im Rahmen der Personaleinsatzplanung und Personalentwicklung verwendet werden können
- ermöglicht Orientierung und Leistungsanreize für den Mitarbeiter
- soll Mitarbeiterleistungen vergleichbar machen
- ermöglicht die Einführung einer leistungsgerechten Entgeltermittlung durch die Bereitstellung von Leistungsdaten der Mitarbeiter (→ Grundlage für eine gerechte tarifliche Einstufung und für Sonderleistungen)
- unterstützt den Führungsprozess
- erhöht durch klare und transparente Rückmeldungen über Leistungen und Verhalten (→ **„Spiegelfunktion")** die Motivation der Mitarbeiter
- verbessert die eigene Einschätzung der Mitarbeiter durch Fremdeinschätzung

Welche Ziele haben Mitarbeiterbeurteilungen aus Unternehmenssicht und aus Sicht der Mitarbeiter?

Ziele der Mitarbeiterbeurteilung aus Unternehmenssicht	Ziele der Mitarbeiterbeurteilung aus Mitarbeitersicht
■ Objektivierung der betrieblichen Personalarbeit	■ Anerkennung des Arbeits- und Sozialverhaltens
■ Vergleichbarkeit der Mitarbeiterleistungen	■ Bessere Einschätzung der eigenen Stärken und Schwächen sowie Verbesserung der eigenen Einschätzung durch Fremdeinschätzung („Spiegelfunktion")
■ Bessere Leistungs- und Potenzialerkennung und damit eine optimierte Nutzung von Mitarbeiterpotenzialen und eine bestmögliche Personaleinsatzplanung	■ Abstimmung der persönlichen Ziele mit den betrieblichen Zielen
■ Erhalt und Steigerung der Mitarbeiterleistung und der Motivationssteigerung	■ Schutz vor subjektiver und willkürlicher Bewertung durch ein systematisches Beurteilungsverfahren
■ Aufdecken von Schwachstellen innerhalb der Organisation	■ Verbesserte Einschätzung realer Aufstiegsmöglichkeiten, Orientierungsmöglichkeit
■ Grundlage für Personalentwicklung und Personalförderung, da Leistungsdefizite erkannt werden	■ Motivation und Leistungsanreiz
■ Förderung und Verbesserung der persönlichen Beziehung und Zusammenarbeit zwischen dem Vorgesetzten und dem Mitarbeiter durch gegenseitiges Feedback	■ Förderung der Führungsqualität und Verbesserung der persönlichen Beziehung und Zusammenarbeit
■ Verbesserung der Führungsqualität	■ Individuelle Lohn- und Gehaltsfindung einschließlich Prämienzahlungen
■ Intensivierung der Kommunikation zwischen Vorgesetztem und Mitarbeiter	
■ Optimierung des Personaleinsatzes	

? **Welche Voraussetzungen müssen für eine sinnvolle Mitarbeiterbeurteilung vorliegen?**

- **Transparenz der Beurteilungsmodalitäten und des gesamten Beurteilungssystems (→ Schulung der Führungskräfte!),**
  d.h., Beurteilender und zu Beurteilende müssen über die Beurteilungsmodalitäten und Beurteilungskriterien Bescheid wissen, sowie Kenntnisse über Beurteilungsfehler und deren Vermeidung besitzen.

- **Akzeptanz der Mitarbeiter im Hinblick auf das Beurteilungssystem**
  Daraus folgt, dass das Beurteilungssystem sorgfältig geplant und umgesetzt werden muss. Bei der Entwicklung sollten möglichst Schlüsselpersonen mitwirken.

- **Praxistauglichkeit,**
  d.h., das Beurteilungssystem muss das natürliche Verhalten des Mitarbeiters im Arbeitsprozess erfassen.

- **Qualität und Aussagekraft** des Beurteilungssystems sowie **Vergleichbarkeit der Beurteilungen,**
  d.h., Beurteilungen müssen sich auf Beobachtungen stützen, sie müssen beschreibbar, bewertbar sowie vergleichbar sein, und die Beurteilungen müssen **planmäßig,** also regelmäßig stattfinden.

? **In welchen 4 Phasen soll eine Mitarbeiterbeurteilung erfolgen?**

Die vier Phasen der Mitarbeiterbeurteilung:

1. Phase: Beobachten

Wahrnehmung der regelmäßigen Arbeitsleistung und des regelmäßigen Arbeitsverhaltens des Mitarbeiters.

 Möglichst viele Einzelbeobachtungen sollen bei wechselnden Anforderungen und unterschiedlichen Zeitpunkten erfolgen.

- Die Beobachtungen müssen anhand vorgegebener Merkmale systematisch durchgeführt werden, daher ist ein Beobachtungsbogen hilfreich.

2. Phase: Beschreiben

Dokumentieren des Leistungsverhaltens.

- Möglichst wertfreie Wiedergabe und Systematisierung der Einzelbeobachtungen im Hinblick auf das Beurteilungsschema.

- Genau beschreiben, indem man viele wörtliche Äußerungen dokumentiert.

3. Phase: Bewerten/Beurteilen

Anlegen eines geeigneten Maßstabs an die Ergebnisse der Beobachtung und Beschreibung.

- Messbare Leistungen können anhand eines Vergleichsmaßstabs bewertet werden; nicht messbare Leistungen müssen beurteilt werden.
- Keine interpretierenden Generalurteile!
- Beurteilungsfehler beachten!

4. Phase: Besprechen und Auswerten

Besprechen der Ergebnisse der Beobachtungen.

- Zweier-Gespräch in Form eines echten Dialogs zwischen Vorgesetztem und Mitarbeiter über die durchgeführte Beurteilung (= Beurteilungsgespräch).
- Festlegung des weiteren Vorgehens und Initiierung erforderlicher Maßnahmen wie Schulung, Aufstieg etc.

1.1.1 Personalgespräche

DEFINITION PERSONALGESPRÄCH/ MITARBEITERGESPRÄCH

Unter einem Personalgespräch, auch Mitarbeitergespräch genannt, versteht man ein Gespräch zwischen einem Vorgesetzten und seinem ihm direkt unterstellten Arbeitnehmer.

Hinweis:

Die hierarchische Distanz zwischen den beiden Gesprächspartnern ist für das Mitarbeitergespräch charakteristisch.

Welche Arten von Personalgesprächen (= Mitarbeitergesprächen) werden unterschieden?

- Beurteilungsgespräch
- Fördergespräch/Personalentwicklungsgespräch
- Kritikgespräch
- Anerkennungsgespräch
- Konfliktgespräch
- Fehlzeitengespräch/Rückkehrgespräch etc.

? Welche Merkmale kennzeichnen ein Mitarbeitergespräch?

- Besonderer Anlass oder Thema
- Bestimmter Sachinhalt und Zielsetzung
- In der Regel vom direkten Vorgesetzten geführt
- In der Regel ein Vier-Augen-Gespräch

? Welche Regeln zur Gesprächsführung gelten für das erfolgreiche Führen von Mitarbeitergesprächen?

Typische Gesprächsführungsregeln:

- Strukturierter Gesprächsablauf
- Zielorientiert, d.h., sich auf die Sache konzentrieren und nicht am Thema vorbeireden
- Respekt, Wertschätzung und Unvoreingenommenheit gegenüber dem Gesprächspartner, d.h., den Gesprächspartner, seine Sichtweisen, Standpunkte, Meinungen und Motive achten
- Aktives und aufmerksames Zuhören
- Konstruktive, sachliche und beschreibende Kritik – nicht beleidigen
- Den Gesprächspartner nicht unterbrechen, sondern ausreden lassen
- Glaubwürdigkeit/Kongruenz, d.h., Information und Kommunikation mit einem Mitarbeiter sind nur dann erfolgreich, wenn dieser von den ehrlichen Absichten des Vorgesetzten überzeugt ist
- Keine Überlegenheit demonstrieren, etwa durch rhetorische Fragen oder durch den Gebrauch vieler Fremdwörter
- Ernst nehmen des Gesprächspartners und seiner möglichen Probleme
- Positiver Gesprächsabschluss

1.1.1.1 Beurteilungsgespräche

Das Beurteilungsgespräch dient einer **Einschätzung und qualifizierten Rückmeldung** der Leistungen gemäß der Stellenbeschreibung bzw. der aktuellen Aufgaben.

Im Beurteilungsgespräch geht es darum, die Bewertung sämtlicher Beurteilungskriterien zu besprechen, um dem Mitarbeiter eine konkrete Rückmeldung über seine Arbeitsqualität, Effizienz und Arbeitsorganisation im abgelaufenen Zeitraum zu geben (→ Feedback). Der Mitarbeiter erhält genaue Angaben zu seinen Stärken und Schwächen, sowie zu den Erwartungen des funktionalen Vorgesetzten an ihn.

Das Beurteilungsgespräch verfolgt insbesondere folgende drei Ziele:

1. Rückmeldung an den Mitarbeiter über seinen Leistungsstand und sein Verhalten

2. Steigerung der Motivation und damit der Leistung für das Unternehmen

3. Absprache von Entwicklungsmaßnahmen zur Optimierung der Mitarbeiterleistung

---

BEACHTE

Nach **§ 82 Abs.2 BetrVG** kann der Mitarbeiter verlangen, dass

→ mit ihm die Beurteilung seiner Leistungen besprochen wird,

→ seine berufliche Entwicklung im Betrieb erörtert wird und

→ ein Betriebsratsmitglied zum Beurteilungsgespräch hinzugezogen wird.

Wie ist das Beurteilungsgespräch vorzubereiten?

Organisatorische Vorbereitung	<ul><li>Beschaffung eines geeigneten Raums, in dem eine ungestörte Durchführung des Gesprächs stattfinden kann</li><li>Rechtzeitige Terminvereinbarung mit Nennung des Anlasses</li><li>Termin und Ort nennen und den zu Beurteilenden bitten, sich auf das Gespräch vorzubereiten</li><li>Störungsfreien äußeren Rahmen gewährleisten, d.h. keine Störungen, ausreichend Zeit, geeignete Räumlichkeiten, unter „Vier-Augen", keine frontale Sitzordnung etc.</li></ul>

Inhaltliche Vorbereitung	■ Ziel des Gespräches erarbeiten (= Was will ich erreichen?) ■ Inhalt des Gespräches vorbereiten: → Was wurde beim vorhergehenden Beurteilungsgespräch besprochen und was konkret vereinbart? → Sammeln und strukturieren der Informationen, erstellen eines Fragenkatalogs („roter Faden"), z.B.: Welche konkreten Ergebnisse hat der Mitarbeiter erreicht? Was weiß ich über die Aufgaben des Mitarbeiters? ■ Einstimmung auf den Gesprächspartner, insbesondere welche Argumente wird der Gesprächspartner vorbringen?

? Wie ist das Beurteilungsgespräch durchzuführen?

1. Eröffnung	■ Sich auf den Gesprächspartner einstellen ■ Eine positive Atmosphäre schaffen, Hemmungen beseitigen
2. Konkrete Erörterung der positiven Gesichtspunkte	■ Ggf. positive Veränderungen gegenüber der letzten Beurteilung hervorheben ■ Bewertung der positiven Fakten durch den Mitarbeiter und die Führungskraft **Beachte:** → Bewertung konkret durch Beispiele belegen → Den Sachverhalt beurteilen, nicht die Person → Nur wesentliche Punkte ansprechen → Den Mitarbeiter zu Wort kommen lassen → Aktives interessiertes Zuhören → Offene Fragen stellen → Argumente ernst nehmen
3. Konkrete Erörterung der negativen Gesichtspunkte	■ Ggf. negative Veränderungen gegenüber der letzten Beurteilung erläutern ■ Bewertung der negativen Fakten durch den Mitarbeiter und die Führungskraft **Beachte:** Negative Punkte zukunftsorientiert darstellen
4. Diskussion über künftiges Verhalten	■ Strategien und Maßnahmen zur Vermeidung zukünftiger Fehler → **Hilfe zur Selbsthilfe** ■ Fördermöglichkeiten besprechen

5. Positiver Gesprächsabschluss mit Aktionsplan	▪ Wesentliche Punkte zusammenfassen und gemeinsam einen Maßnahmenplan festlegen ▪ Positiven Ausgang des Gesprächs anstreben ▪ Konkrete Maßnahmen vereinbaren: Was? Wie? Wo? Wann? Wie lange? Warum? ▪ Folgegespräch vereinbaren: Wann? Welche Aufgaben/Ziele? ▪ Zuversicht vermitteln und danken für das Gespräch

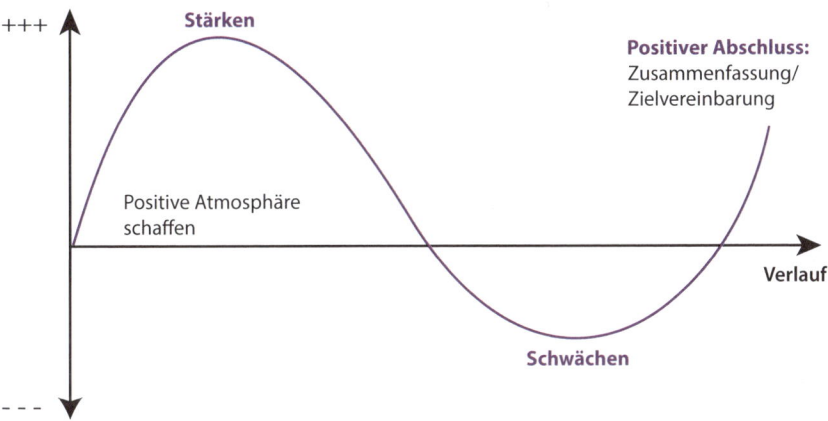

Abb.: Durchführung Beurteilungsgespräch

Welche Vorteile bieten richtig geführte Beurteilungsgespräche? **?**

- Förderung einer vertrauensvollen Gesprächsbasis und der Zusammenarbeit
- Bessere Beteiligung der Mitarbeiter am betrieblichen Geschehen
- Förderung von Vertrauen zwischen Vorgesetztem und Mitarbeiter
- Abbau von Missverständnissen und Vorurteilen sowie Vermeidung von Gerüchten
- Ein Mitarbeiter, der sich ernst genommen fühlt, quittiert dies mit Übernahme von Verantwortung und Engagement
- Steigerung der Motivation und der Arbeitszufriedenheit

Nur wer die typischen Beurteilungsfehler kennt, kann sie auch vermeiden!

Bei jeder Beurteilung ist es wichtig, sich von gefühlsmäßigen Eindrücken weitestgehend frei zu machen und das Urteil auf tatsächliche und nachweisbare Einzelbeobachtungen zu gründen.

Beurteilungsfehler ergeben sich insbesondere durch

1. Wahrnehmungsfehler durch Selektion nicht wahrgenommener Aspekte
2. Maßstabsfehler durch unterschiedliche Bewertung desselben Sachverhalts bei unterschiedlichen Mitarbeitern

Folgende Fehler treten insbesondere bei Beurteilungen auf:

Halo-Effekt	Auch Überstrahlungseffekt oder Hofeffekt genannt.
	Eine positive oder negative Eigenschaft (→ Einzeleindruck) eines Mitarbeiters überstrahlt alle anderen; von einer Eigenschaft wird auf andere Merkmale geschlossen.
Nikolaus-Effekt	Die Beurteilung basiert auf Verhaltensweisen, die erst in jüngster Zeit beobachtet wurden bzw. stattgefunden haben.
	Z.B. der Beurteilende beobachtet nicht über den gesamten Beurteilungszeitraum, sondern erst kurz vor der Erstellung der Beurteilung.
Vorurteile/ Stereotypenbildung	Hier verfälschen Vorurteile, auch Stereotypen genannt, die Beurteilung.
	Aufgrund gesellschaftlicher Erfahrungen und/oder eigener Erziehung werden vom Aussehen, sozialer Herkunft etc. bestimmter Menschen Rückschlüsse auf ihr Verhalten gezogen, z.B. Mitarbeiter mit nachlässiger Kleidung sind auch in der Leistung schlampig.
Erster Eindruck/ Primacy-Effekt	Die zuerst erhaltenen Informationen und Eindrücke werden in der Beurteilung sehr viel stärker berücksichtigt als spätere Verhaltensweisen.
Kleber-Effekt	Mitarbeiter, die über einen längeren Zeitraum nicht befördert wurden, werden unbewusst unterschätzt und entsprechend schlechter beurteilt.
Hierarchie-Effekt	Mitarbeiter einer höheren Hierarchieebene werden besser beurteilt als Mitarbeiter der darunter liegenden Ebenen.
Lorbeer-Effekt	In der Vergangenheit erreichte Leistungen (→ Lorbeeren) werden unangemessen stark berücksichtigt, obwohl sie sich in jüngerer Vergangenheit nicht mehr bestätigt haben.
Kontrastfehler	Ein leistungsschwacher Mitarbeiter erscheint in einer Gruppe von anderen Personen, die noch schwächer sind, plötzlich als scheinbar leistungsstark.
Ideologiefehler/ Sympathieeffekt	Gefühle wie Sympathie oder Antipathie beeinflussen die Beurteilung.
	Mitarbeiter mit gleicher Anschauung oder gleicher Einstellung des Beurteilers werden begünstigt.

Projektionsfehler	Die Stärken und Schwächen des Beurteilers werden auf den Beurteilten projiziert.
Egozentriefehler	Auch Maßstabsfehler genannt. Der Beurteiler nimmt sich als Maßstab, ohne die unterschiedliche Berufserfahrung und Ausbildung des Beurteilten zu berücksichtigen.
Mildefehler	Abgabe zu guter Beurteilungen aufgrund zu hoher Kollegialität des Beurteilenden mit dem Beurteilten.
Tendenz zur Mitte	Bei einer Beurteilung werden alle Leistungsmerkmale mittig eingeschätzt. Hintergrund: Eine abweichende Beurteilung muss fachlich und sachlich begründet werden, aber Mitte bedeutet Durchschnitt. Der Beurteiler will unangenehmen Situationen ausweichen und nicht auffallen. Er ist zumeist nicht konfliktfähig.
Übernahmefehler	Frühere Beurteilungen werden ohne Hinterfragen und ohne weitere neue Beobachtungen übernommen. Veränderungen in positiver und negativer Hinsicht werden damit nicht berücksichtigt.

Welche Beurteilungsanlässe gibt es? **?**

Es gibt planmäßige und außerplanmäßige Beurteilungsanlässe.

Planmäßige (= regelmäßige) Beurteilungsanlässe	■ Vor Ablauf der Probezeit = Probezeitbeurteilung ■ Vor Beginn des gesetzlichen Kündigungsschutzes (6-Monatsfrist, § 1 KSchG) ■ Im Rahmen der jährlichen klar definierten Gehaltsüberprüfung ■ In bestimmten, klar definierten Zeitabständen ■ Bei Auszubildenden: vor jedem Abteilungswechsel und am Ende der Berufsausbildung
Außerplanmäßige (= Einzelfall) Beurteilungsanlässe	■ Versetzung, Jobrotation ■ Wechsel des unmittelbaren Vorgesetzten (Zweck: Ausstellung eines Zwischenzeugnisses) ■ Beförderungen, besondere Fördermaßnahmen ■ Auf besonderen Wunsch des Vorgesetzten und/oder des Mitarbeiters ■ Außerplanmäßige Entgeltanpassung ■ Austritt des Mitarbeiters/Beendigung des Arbeitsverhältnisses durch Kündigung ■ Beendigung eines Projektes

1.1.1.2 Kritikgespräche

> **DEFINITION KRITIKGESPRÄCH**
>
> Ein Kritikgespräch ist ein Gespräch mit dem Mitarbeiter aufgrund beobachteten Fehlverhaltens oder einer Abweichung beim Soll-Ist-Vergleich.

Ziel der Kritik ist es, menschliches Fehlverhalten so positiv zu beeinflussen, dass der Mitarbeiter aus innerer Überzeugung sein Verhalten ändert und die geforderte Leistung erbringt. → Echte Kritik soll dem Kritisierten helfen.

Die drei wichtigsten Fragen des Kritikgesprächs:

1. Was ist nicht richtig?
2. Warum ist es nicht richtig?
3. Wie können wir gemeinsam in Zukunft diese oder ähnliche Fehler vermeiden?

Ein Kritikgespräch ist nicht einfach, denn es ist für den Mitarbeiter und evtl. für den Vorgesetzten unangenehm.

Aber: Kritik ist notwendig, weil ...

- es ohne sie keine Verbesserung gibt,
- sie ein Gespräch über Leistung und Verhalten ist,
- sie künftige Leistungen und Ergebnisse verbessern soll,
- sie motivieren soll und
- sie für den Mitarbeiter eine notwendige Orientierungshilfe und Rückmeldung darstellt, in welchem Umfang er von der Norm abgewichen ist.

 Was ist beim Kritikgespräch zu beachten?

- Die zu kritisierende Leistung bzw. das zu kritisierende Verhalten sollte genau beschrieben und mit Fakten untermauert werden
- Der Maßstab für eine Leistung muss dem Mitarbeiter bekannt und von ihm akzeptiert sein
- Kritikgespräche sollen immer lösungsorientiert statt problemorientiert sein
- Kritik soll konstruktiv sein
- Kritik soll unter vier Augen geschehen, also nicht vor anderen
- Kritik soll sachlich und angemessen sein
- Kritik soll nicht Angst erzeugen und keine Abrechnung oder Fertigmachen sein
- Kritik ist zeitnah zu äußern, und zwar unmittelbar nach der Fehlleistung, aber nicht im Affekt - es ist auf die richtige Situation/den richtigen Zeitpunkt zu achten

- Kritik soll Raum für konstruktive Antworten des Mitarbeiters lassen, auch um seine Perspektive der Dinge zu verstehen
- Kritik immer auf die Sache beziehen und niemals auf die Person
- Keine alten Fehler aufwärmen

Wie ist das Kritikgespräch durchzuführen? **?**

1. Phase: Eröffnung	■ Anlass des Gesprächs nennen ■ Neutrale und genaue Beschreibung des Kritikpunktes **Beachte:** Das Gespräch sollte sachlich, wertfrei und ohne Vorhaltungen beginnen
2. Phase: Sicht des Mitarbeiters	■ Dem Mitarbeiter eine Gegendarstellung ermöglichen bzw. ihn um eine Erklärung für sein Verhalten bitten, auch wenn die Sachlage scheinbar klar erscheint ■ Erst wenn die Argumente und Gefühle des Mitarbeiters bekannt sind, kann in die dritte Phase übergeleitet werden **Wichtig:** ■ Mitarbeiter sprechen lassen und aktiv zuhören ■ Zur Formulierung des Problems ermutigen
3. Phase: Ursachenerforschung	■ Gemeinsam die Ursachen des Fehlverhaltens feststellen ■ Gründe und Ursachen klären
4. Phase: Lösungen vereinbaren und Abschluss	■ Den Mitarbeiter Lösungsmöglichkeiten und Verbesserungsideen, wie er künftig Fehler bzw. negative Verhaltensweisen vermeiden kann, selbst finden lassen ■ Künftiges Verhalten klar vereinbaren bzw. den Weg zur zukünftigen Vermeidung des Fehlverhaltens vereinbaren ■ Beide Gesprächspartner unterzeichnen eine entsprechende Vereinbarung ■ Positiver und motivierender Abschluss, d.h., der Mitarbeiter sollte bei Beendigung des Gesprächs erkennen, dass man nach wie vor auf seine Leistung setzt und die Vertrauensbasis für eine Erfolg versprechende Zusammenarbeit auch weiterhin besteht. Der Informations- und Meinungsaustausch sollte in der Folgezeit intensiviert werden
5. Phase: Nachbereitung	Nachbereitung des Kritikgesprächs mit folgenden Überlegungen: ■ Hat das Gespräch das gewünschte Ergebnis gebracht? ■ Ist ein neues Gespräch, vielleicht mit schärferer Gangart, notwendig?

1.1.1.3 Anerkennungsgespräche

Anerkennungsgespräche sind eine Auszeichnung für den Mitarbeiter.

Anerkennung soll die Reaktion der Führungskraft sein, wenn Leistungen des Mitarbeiters **über dem Durchschnitt** liegen.

Aber:

Leider sind Anerkennungsgespräche ein vielfach vernachlässigtes Führungsinstrument.

? **Welche Vorteile bieten richtig geführte Anerkennungsgespräche?**

Anerkennung ...

- wirkt sich fördernd auf die Einstellung zur Arbeit aus
- bietet dem Mitarbeiter Orientierung
- spornt zur effektiveren Arbeit an
- schafft Erfolgserlebnisse und Zufriedenheit
- bestätigt das Selbstwertgefühl
- motiviert zum Wiederholen der guten Leistung
- ist ein kostenloses Motivierungs- und Führungsinstrument
- steigert die Produktivität und die Leistungsbereitschaft des Mitarbeiters
- ist Bestandteil einer guten Unternehmenskommunikation
- bietet dem Mitarbeiter Wertschätzung

? **Was ist beim Anerkennungsgespräch zu beachten?**

- Nur verdiente Anerkennung ist auszusprechen, also wenn Leistungen des Mitarbeiters **über dem Durchschnitt** liegen
- Die Anerkennung muss **glaubwürdig** sein, d.h., sie muss für den Empfänger nachvollziehbar und ehrlich sein und nicht als „Zuckerbrot" wirken
- Die **konkrete sachliche Leistung**, nicht die Person, ist anzuerkennen. Es muss genau herausgestellt werden, was anerkannt wird
- Anerkennung sollte unter **Vier-Augen** stattfinden, damit kein Neid bei den anderen Mitarbeitern aufkommt
- Bei gegebenem Anlass **zeitnah** anerkennen, nicht erst Wochen später, sonst verpufft die Wirkung
- Das **rechte Maß** der Anerkennung muss gewahrt werden

- Bei Gruppenleistungen keinen Einzelnen herausstellen - selbst dann nicht, wenn tatsächlich Unterschiede festzustellen sind
- Kein Anerkennungsgespräch zwischen Tür und Angel

1.1.1.4 Rückkehrgespräche /Fehlzeitengespräche

Üblicherweise wird ein Rückkehrgespräch geführt, wenn sich der Mitarbeiter nach längerer oder wiederholt kürzerer Abwesenheit wieder am Arbeitsplatz einfindet.

Merkmale des Rückkehrgespräches:

- Das Gespräch wird mit jedem Mitarbeiter geführt, der aus einer Fehlzeit zurückkehrt
- Das Gespräch findet unmittelbar/zeitnah nach einer Rückkehr statt
- Der direkte Vorgesetzte führt das Gespräch mit dem Mitarbeiter, der aus einer Fehlzeit zurückkehrt

> **BEACHTE**
>
> Das Rückkehrgespräch darf nicht auf der Basis von Vermutungen (z.B. Blaumachen) stattfinden und der Mitarbeiter darf dieses Gespräch auch nicht als „Schnüffelei" empfinden. Ausschlaggebend ist die Beziehung, die der Vorgesetzte mit seinen Mitarbeitern hat. Denn wenn er sich stets um seine Mitarbeiter kümmert, wird das Rückkehrgespräch mit Sicherheit als positiv empfunden.

Welches Ziel verfolgt ein Rückkehrgespräch?

Ziel des Rückkehrgesprächs:

Das Rückkehrgespräch soll ein **Motivationsgespräch** für den Mitarbeiter sein. Es soll beim Mitarbeiter das Gefühl auslösen, dass man an ihm und an seinem Befinden interessiert ist, seine Abwesenheit wahrgenommen hat und sich über seine Rückkehr freut.

Zudem nimmt man den Mitarbeiter und die Bedingungen, unter denen er seine Arbeit verrichtet, ernst, da der Zusammenhang der Krankheit mit dem Arbeitsplatz/dem betrieblichen Umfeld thematisiert und in der Folge nach Lösungen/Verbesserungen gesucht wird.

Möglicher Ablauf eines Rückkehrgespräches:

- Gesprächsvorbereitung:
  - → Klärung, ob das Gespräch unter Beteiligung von Personalabteilung, Betriebsrat oder Dolmetscher stattfinden soll
  - → Gute Recherche, Analyse der Fehlzeiten, Gesprächsziel festlegen
  - → Ausreichend Zeit einplanen, für ungestörten Rahmen und Räumlichkeit sorgen sowie den richtigen Zeitpunkt auswählen
- Gesprächsdurchführung:
  - → Begrüßung und Freude über die Rückkehr des Mitarbeiters ausdrücken
  - → Sachliche Darstellung der Abwesenheit und Gründe des Fehlens erfragen
  - → Nach Befinden und Arbeitsfähigkeit erkundigen, den aktuellen Gesundheitszustand beschreiben lassen
  - → Erfragen, ob die Krankheit im Zusammenhang mit dem Arbeitsplatz steht. Dabei Vorschläge anhören, Lösungen gemeinsam finden und Abänderungen im Rahmen der Möglichkeiten herbeiführen
  - → Evtl. bei häufigen und auffälligen Fehlzeiten auf Folgen für den Mitarbeiter selbst, die Kollegen und das Unternehmen hinweisen
  - → Unterstützungsmöglichkeiten bieten (Betriebsarzt, Hausarzt), dabei Drohungen, Vorwürfe und Zweifel an der Krankheit sowie Druck vermeiden
  - → Klare Vereinbarungen für das Verhalten in der Zukunft treffen und das Gespräch positiv beenden
  - → Evtl. Gesprächsinhalt protokollieren
  - → **Beachte:**
    Einhaltung der Vereinbarungen sind zu kontrollieren!

Hinweise:

- Bei Nichteinhaltung ist ein weiteres Gespräch (also 2. Gespräch) zu führen mit Androhung „leichter" Konsequenzen (wie Abmahnung) sowie die Einbeziehung der Personalabteilung.
- Beim notwendigen 3. Gespräch ist Personalabteilung und Betriebsrat zu beteiligen. Abmahnung aussprechen, evtl. Versetzung androhen.
  Ein Protokoll ist zu führen.
- Beim notwendigen 4. Gespräch ist ein Versetzungs- bzw. Entlassungsgespräch durch den Personalleiter zu führen. Der Betriebsrat ist einzuschalten.

BEACHTE

Der Arbeitgeber ist laut § 167 Abs.2 SGB IX zu einem **betrieblichen Eingliederungsmanagement (BEM)** verpflichtet, wenn ein Beschäftigter im Laufe eines Jahres länger als sechs Wochen ununterbrochen oder wiederholt arbeitsunfähig war.

Welche Ziele verfolgt das betriebliche Eingliederungsmanagement BEM? **?**

Ziel des betrieblichen Eingliederungsmanagements BEM ist es,

- dem Beschäftigten die Rückkehr an den Arbeitsplatz zu erleichtern,
- eine erneute Erkrankung aufgrund derselben Ursachen zu verhindern und somit den Arbeitsplatz zu erhalten,
- zu überprüfen, ob es möglicherweise auch Ursachen im Arbeitsumfeld gibt, die dazu geführt haben, dass der Arbeitnehmer erkrankt ist,
- dem Arbeitnehmer aktive Unterstützung bei seiner Genesung anzubieten.

Welche Maßnahmen können von Führungskräften oder vom Unternehmen in einem betrieblichen Eingliederungsmanagement BEM angeboten werden? **?**

Mögliche Maßnahmen des BEM:

- Installation von Hebevorrichtungen, Bereitstellung von technischen Arbeitshilfen
- Kuren als Leistung zur medizinischen Rehabilitation
- Ergonomische Gestaltung von Arbeitsplatz und Arbeitsumfeld
- Veränderung der Arbeitszeiten
- Wechseln des Arbeitsplatzes, Schonarbeitsplatz
- Telearbeit
- Qualifizierung
- Stufenweise Wiedereingliederung
- Arbeitssicherheit: Vorbeugender Unfallschutz, Untersuchung von Unfallursachen, Gefahrstoffmanagement
- Arbeitsplatzanalysen, Gefährdungsbeurteilungen, Arbeitsschutzmaßnahmen
- Barrierefreie Gestaltung der Arbeitsstätte
- Arbeitsmedizinische Beratung
- Arbeitskollegen besonders unterrichten (zum Beispiel im Hinblick auf medizinische Notfälle)
- Zuschüsse für Arbeitshilfen im Rahmen von Leistungen zur Teilhabe am Arbeitsleben
- Vermehrte Pausengewährung

1.1.2 Beurteilungssystem

DEFINITION BEURTEILUNGSSYSTEME

Beurteilungssysteme sind ...
- Grundsätze für die Beurteilung der Mitarbeiter.
- alle Verfahren, die ein Feedback über die Leistung von Mitarbeitern geben.

BEACHTE

Der **Betriebsrat** hat bei der Einführung eines Beurteilungssystems ein **Mitbestimmungsrecht nach § 94 Abs.2 BetrVG.** Damit soll sichergestellt werden, dass das Beurteilungssystem möglichst objektiv und arbeitsrelevant gestaltet wird.

? **Welche Elemente hat ein strukturiertes Beurteilungssystem?**

Beurteilungskriterien	+	Gewichtung	+	Ausprägung des Merk-mals/ Bewertungsstufen

Beurteilungskriterien sind vor der Beurteilung **festgelegte Merkmale**, mit deren Hilfe das Verhalten und die Leistung von Arbeitnehmern beurteilt werden.	Unterschiedliche Gewichtung der Kriterien nach ihrer **Bedeutung für das Unternehmen.**	Der **Beurteilungsmaßstab,** also die Skalierungen zu den einzelnen Merkmalen, ist festzulegen.
Bsp.: Arbeitsqualität, Arbeitsquantität, Arbeitsorgfalt, Arbeitseinsatz, Denkverhalten, mitmenschliches Verhalten, Fachkenntnisse, geistige Fähigkeiten, Zusammenarbeit, Ausdauer, Zuverlässigkeit, Verhalten zu Vorgesetzten und Mitarbeitern, bei Führungskräften auch Führungsverhalten.		Bsp.: 100-Punkte-System, Note 1-6, weit über Durchschnitt bis weit unter Durchschnitt

Welche Beurteilungssysteme werden unterschieden? **?**

Standardisiertes Beurteilungssystem	Offenes (freies) Beurteilungssystem	Mischform
■ Vorgegebene standardisierte Beurteilungskriterien ■ Vorgegebene Stufendefinitionen	Der Beurteiler schreibt nach seinem Ermessen und mit seinen Worten die Beurteilung auf. → Freie Eindrucksschilderung	Kombination von offener und standardisierter Beurteilung, z.B. standardisierter Bogen plus Zusatzanmerkungen und Stellungnahmen.
Vorteile:		
■ Bestmögliche Objektivität, da Beurteilungsskala für alle gleich ist. ■ Gute Vergleichbarkeit der Mitarbeiter untereinander und eines Mitarbeiters in zeitlicher Folge.	■ Der Beurteiler kann sich, unabhängig von starren Skalen zu den Stärken und Schwächen des Mitarbeiters individuell äußern. ■ Keine Anpassung an Vorgaben notwendig.	■ Bietet beide Vorteile in Kombination. ■ Beurteiler kann frei mit eigenen Worten notwendige Anmerkungen treffen.
Nachteile:		
■ Fehlende Individualisierung ■ Hoher Konstruktionsaufwand	■ Fehlende Vergleichbarkeit ■ Hohe Subjektivität	Keine

Welche Schritte sind bei der Entwicklung und Einführung eines Beurteilungssystems zu beachten? **?**

1. **Auftrag zur Einführung eines Beurteilungssystems durch die Geschäftsführung und klare Definition von Zielsetzung und Anforderungen an das Beurteilungssystem**
   - ■ Klärung der Rahmenbedingungen, wie Budget, Zeitschiene, Beschreibung der Ergebnisse, Anzahl Projektteilnehmer, welche Ziele verfolgt das Beurteilungssystem? etc.
   - ■ Festlegen der Beurteilungsziele unter Berücksichtigung der Unternehmensziele
2. **Mitbestimmung des Betriebsrats beachten, ihn rechtzeitig informieren und einbinden**
3. **Bildung einer Projektgruppe**
   Einbeziehung von Schlüsselpersonen wie Führungskräfte, Betriebsräte und sonstige Mitarbeiter.

   Hinweis:
   Die mit der Konzepterarbeitung beauftragte Projektgruppe sollte mit ausgewählten Führungskräften aus den verschiedenen Unternehmensbereichen besetzt sein. Dies stellt sicher, dass alle wichtigen Aspekte berücksichtigt werden, und es trägt auch zur Akzeptanz

des künftigen Beurteilungssystems bei.

4. **Klärung, wer wen beurteilt**

   Definieren der Zielgruppe der Beurteiler und Beurteilten.

   Möglichkeiten:

   → Vorgesetzter beurteilt Mitarbeiter (→ Top-Down Beurteilung)

   → Mitarbeiter beurteilt Vorgesetzten (→ Button-Up Beurteilung)

   → Mitarbeiter beurteilt Mitarbeiter (→ Kollegenbeurteilung)

   → Mitarbeiter beurteilt sich selbst (→ Selbstbeurteilung)

   → 360° Feedback (→ Rundum-Beurteilung, d.h., die Beurteilung erfolgt aus unterschiedlichen Perspektiven, wie aus der eigenen Sicht, aus Sicht des Vorgesetzten, der Mitarbeiter, der Kollegen, der Teammitglieder und der internen und externen Kunden)

   → Beurteilung durch Dritte, z.B. Kunden

   Hinweis:

   In der Regel ist der Beurteiler der **direkte Vorgesetzte** (→ Top-Down Beurteilung).

5. **Festlegung der Anlässe für eine Beurteilung**

   ■ **Planmäßige Beurteilungen:** in regelmäßigen Zeitabständen, vor Ablauf der Probezeit, vor Beginn des allgemeinen Kündigungsschutzes, im Rahmen der jährlichen Gehaltsüberprüfung etc.

   ■ **Außerplanmäßige Beurteilungen:** bei Versetzung, Beförderung oder Wechsel des Arbeitsplatzes, bei Wechsel des Vorgesetzten, bei Wunsch des Mitarbeiters oder des Vorgesetzten etc.

   Hinweis:

   In der Regel werden alle Mitarbeiter des Unternehmens, unabhängig von ihrer Zugehörigkeit zu einer bestimmten hierarchischen Ebene, regelmäßig einmal pro Jahr beurteilt.

6. **Festlegen von Beurteilungskriterien**

   ■ Definition der Anzahl und eindeutiger Beurteilungskriterien

   ■ Ggf. Gewichtung der Beurteilungskriterien

7. **Ausarbeiten der entsprechenden Erläuterungen bzw. Skala festlegen für die Bewertung der Kriterien**

   ■ Festlegen eines Bewertungssystems und

   ■ Konkretisierung der Leistungskriterien durch beobachtbares Verhalten

8. **Systemtechnische Voraussetzungen schaffen bzw. sicherstellen (IT)**

9. **Zwischenergebnisse der Projektgruppe präsentieren und genehmigen lassen**

10. **Einführung von Workshops und Seminaren für Führungskräfte**

    zur Erläuterung und Handhabung des Beurteilungssystems und möglicher Beurteilungsfehler

    Hinweis:

    Jedes Beurteilungssystem ist nur so gut wie die Führungskräfte, die es anwenden. Die Führungskräfte müssen bereit sein, sich ernsthaft mit der Beurteilung ihrer Mitarbeiter auseinanderzusetzen, sonst funktioniert das Beurteilungssystem nicht.

11. **Die Belegschaft über das neue Beurteilungssystem umfassend informieren**

    Nicht nur die Führungskräfte sollten auf die erste Beurteilungsrunde vorbereitet werden, sondern auch die Mitarbeiter. Diese sollten das Vorgehen, aber auch das Ziel und den

Nutzen des Beurteilungssystems kennen, bevor es startet.

12. **Evtl. Pilotbereich auswählen, um das Beurteilungssystem zu testen**

Erkenntnisse aus dem Pilotbereich einarbeiten.

13. **Regelmäßige Kontrolle der Beurteilungen durch die Personalabteilung,**

d.h., die Personalabteilung achtet auf Einhaltung der Beurteilungsgrundsätze, auf die Qualität und Aussagekraft der Beurteilungen sowie auf die **Vermeidung von Beurteilungsfehlern.**

14. **Regelmäßige Überprüfung und Anpassung des Systems**

Kein Beurteilungssystem ist von Anfang an so gut, dass es nicht weiter verbessert werden könnte.

Zur Optimierung sollten zum einen die Erfahrungen der Führungskräfte und zum anderen die Rückmeldungen der Mitarbeiter einbezogen werden.

Welche Voraussetzungen bzw. Grundsätze sind für die erfolgreiche Einführung und Anwendung eines Beurteilungssystems unverzichtbar?

Folgende Voraussetzungen müssen vorliegen, damit das Beurteilungssystem im Unternehmen Fuß fassen kann:

- Klare formelle Vorgaben und Strukturen, wie verbindliche Spielregeln, Festlegung der verbindlichen Beurteilungsanlässe und einheitliches Beurteilungssystem im Unternehmen
- Definition und Konkretisierung eindeutiger Beurteilungskriterien
- Zurechenbarkeit der individuellen Leistung des Mitarbeiters und Vergleichbarkeit der Messgrößen der Leistung
- Offene und mitarbeiterorientierte Unternehmenskultur, partnerschaftliches Betriebsklima
- Offene und transparente Kommunikation und Information im Unternehmen
- Einbezug aller Beteiligten von Anfang an
- Mitbestimmungsrechte des Betriebsrats
- Die Beurteilung der Mitarbeiter wird immer nur vom direkten Vorgesetzten durchgeführt
- Die Beurteiler müssen regelmäßig und intensiv geschult werden, um sicherzustellen, dass möglichst gleiche Maßstäbe angelegt und Beurteilungsfehler vermieden werden
- Faire, konstruktive und auf Dialog basierende Durchführung der Beurteilung
- Verpflichtende und ausführliche Besprechung der Ergebnisse der Beurteilung zwischen beurteilendem Vorgesetzten und beurteiltem Mitarbeiter
- Durchführung von Personalentwicklungsmaßnahmen und Hilfestellungen, die sich aus der Beurteilung anschließend ergeben
- Durchführung des Beurteilungssystems mit vertretbarem Aufwand für Beurteiler und Beurteilendem
- Das Beurteilungssystem muss transparent, verständlich und gerecht sein
- Aktuelle Stellenbeschreibungen sollten vorhanden sein, da sie als Bezugsgrundlage für die Mitarbeiterbeurteilungen unverzichtbar sind

1.1.3 Methoden der Leistungsmessung

DEFINITION ARBEITSBEWERTUNG

Die Arbeitsbewertung hat die Aufgabe, das Maß der Anforderungen der jeweiligen Arbeit (Anforderungen des Arbeitsplatzes und der Schwierigkeitsgrad der Arbeit), also die objektiven Anforderungen des Arbeitsplatzes, zu ermitteln. Die persönlichen Merkmale der Arbeitenden bleiben außer Betracht.

Arbeitsbewertungen ermöglichen eine leistungsabhängige Lohndifferenzierung, indem die verschiedenen Anforderungen einer Arbeit/eines Arbeitsplatzes an den Arbeitnehmer im Verhältnis zu anderen Arbeiten nach einem einheitlichen Bewertungssystem und bei Zugrundelegung der Normalleistung bestimmt werden.

 Welche Ziele hat die Arbeitsbewertung?

Ziele der Arbeitsbewertung:

- **Anforderungsgerechtigkeit**

  Grundgedanke der Arbeitsbewertung:

  Tätigkeiten mit höheren Anforderungen erfordern ein höheres Entgelt als Tätigkeiten mit niedrigeren Anforderungen

- **Personenunabhängigkeit**

  Ermittlung und Bewertung der **objektiven Anforderungen des Arbeitsplatzes**, welche das Arbeitssystem an den Mitarbeiter stellt und **nicht** der persönlichen Leistung des Mitarbeiters

 Welche Arten der Arbeitsbewertung gibt es?

Es gibt zwei Arten der Arbeitsbewertung:

1. **Die summarische Arbeitsbewertung**

   Beurteilung des Arbeitsinhalts der Stelle in ihrer Gesamtheit **und** Vergleich mit dem Inhalt anderer Stellen im Unternehmen

2. **Die analytische Arbeitsbewertung**

   Beurteilung der Einzelkriterien durch Zerlegung der Arbeitsanforderungen der Stelle in Anforderungsarten (z.B. durch Genfer Schema oder REFA) und getrennte Bewertung jeder Anforderungsart

Summarische Arbeitsbewertung	Analytische Arbeitsbewertung
Beurteilung des Arbeitsinhalts der Stelle in ihrer **Gesamtheit** und Vergleich mit dem Inhalt anderer Stellen im Unternehmen Vorteil: einfache Durchführung Nachteil: grobes Verfahren	Beurteilung der **Einzelkriterien** durch Zerlegung der Arbeitsanforderungen der Stelle in Anforderungsarten (z.B. durch Genfer Schema oder REFA) und getrennte Bewertung jeder Anforderungsart
Arbeitsaufgabe wird als Ganzes gesehen	**Arbeitsaufgabe wird in Einzelwerte zerlegt** (wie Anforderungsprofil, Anforderungshöhe und Wichtigkeit)
Summarische Methoden: ■ Rangfolgeverfahren ■ Lohngruppenverfahren/Katalogverfahren	**Analytische Methoden:** ■ Rangreihenverfahren ■ Stufenwertzahlverfahren

Summarische Arbeitsbewertung

Wie unterscheiden sich die beiden Methoden der summarischen Arbeitsbewertung (→ Rangfolgeverfahren und Lohngruppenverfahren)?

Überblick über die beiden summarischen Methoden der Arbeitsbewertung:

Rangfolgeverfahren	Lohngruppen-/ Katalogverfahren
Der zu bewertende Arbeitsplatz wird mit **allen anderen Tätigkeiten im Unternehmen verglichen** und in eine Reihenfolge gebracht. Rangfolge der Stelle nach der Anforderungshöhe.	Arbeiten werden in **bereits festgelegte Lohngruppen** eingeordnet. Die Lohngruppen sind nach Anforderungen, d.h. je nach Schwierigkeitsgrad eingestuft und mit Beispielen erläutert.
Schritte: 1. **Auflistung sämtlicher** im Betrieb vorkommender **Tätigkeiten** 2. Erstellen einer **Rangfolge nach dem Schwierigkeitsgrad der Arbeiten** für das Unternehmen. Die schwierigste Arbeit steht am oberen Ende der „**Treppe**", die leichteste am unteren Ende. **Vergleich der Arbeitsplätze miteinander,** d.h., die Aufgaben, die an einem Arbeitsplatz anfallen, werden mit denen anderer innerhalb eines Unternehmens verglichen. **Aber:** Keine Gewichtung der Stufenabstände zueinander 3. **Festsetzung der Personalentgelte**	**Schritte:** 1. **Bildung von Entgeltgruppen** mit feststehenden Lohngruppenmerkmalen, die unterschiedliche Schwierigkeitsgrade der Arbeitsinhalte repräsentieren 2. **Beschreibung und Erläuterung der Lohngruppen** anhand von Beispielen und Lohngruppendefinitionen, z.B. Einarbeitungszeit, Anlernzeit, Berufsausbildung, Berufserfahrung, Verantwortung, Selbständigkeit, Grad der Belastung 3. **Vergleich des zu beurteilenden Arbeitsplatzes mit den Entgeltgruppen** und Einordnung in den Entgeltschlüssel

41

Beispiele einer summarischen Arbeitsbewertung:

Rangfolgeverfahren	Lohngruppen-/ Katalogverfahren
Zu bewertender Arbeitsplatz wird mit allen anderen Tätigkeiten verglichen. Rangfolge der Stelle nach der Anforderungshöhe.	Arbeiten werden in **bereits festgelegte Lohngruppen,** die nach Anforderungen eingestuft sind, **eingeordnet.**

Rangfolgeverfahren:

Arbeitsplätze mit höchsten Anforderungen

↓

6	Leiter Finanzabteilung
5	Oberbilanzbuchhalter
4	Buchhalter
3	Sachbearbeiter
2	Registraturhilfe
1	Bote

↑

Arbeitsplätze mit niedrigsten Anforderungen

Lohngruppen-/ Katalogverfahren:

- **Lohngruppe 1:**
  Tätigkeiten festgelegt; einfache Arbeiten, Unterweisungszeit von in der Regel 3 Tagen
- **Lohngruppe 4:**
  Tätigkeiten in Teilen im Ablauf und in der Ausführung festgelegt; fachspezifisches systematisches Anlernen von in der Regel mehr als 4 Wochen
- **Lohngruppe 10:**
  fachübergreifende und hochwertige Fachaufgaben mit umfassendem Handlungsspielraum, meisterliches Können; umfassendes Verantwortungsbewusstsein und entsprechende Spezialkenntnisse; abgeschlossene Hochschulausbildung und eine mehrjährige fachspezifische Berufserfahrung

Analytische Arbeitsbewertung

 In welchen drei Schritten geht man bei der analytischen Arbeitsbewertung vor?

1. Zerlegung der Gesamtbeanspruchung durch die Arbeit in die einzelnen Anforderungsarten
2. Analyse der Höhe der Beanspruchung für jede Anforderungsart einzeln
3. Addition der Einzelwerte der verschiedenen Anforderungsarten ergibt den Gesamtarbeitswert

 Welche Anforderungsarten werden bei der analytischen Arbeitsbewertung unterschieden?

Grundsätzlich werden die Anforderungsarten nach **REFA** und nach dem **Genfer Schema** unterschieden.

Nach REFA werden bei der analytischen Arbeitsbewertung <u>sechs</u> Anforderungsarten unterschieden:

- **Kenntnisse** (Ausbildung/Studium, Erfahrung)
- **Geschicklichkeit** (Handfertigkeit, Gewandtheit)
- **Verantwortung** (für die eigene Arbeit, die Arbeit anderer, die Sicherheit anderer, Arbeitsabläufe, Termintreue)
- **Geistige Belastung** (Aufmerksamkeit)
- **Muskelbelastung** (dynamisch, statisch, einseitig)
- **Umgebungseinflüsse** (wie Lärm, Temperatur, Beleuchtung, Gase, Schmutz, Erschütterungen, Unfallgefahr)

Nach dem Genfer Schema werden bei der analytischen Arbeitsbewertung <u>vier</u> Anforderungsarten unterschieden:

- **Können** (Fachkenntnisse, Ausbildung/Studium, handwerkliches Geschick/Fertigkeiten)
- **Belastung** (Geistige Beanspruchung, muskelmäßige Beanspruchung)
- **Verantwortung** (für die eigene Arbeit, die Arbeit anderer, die Sicherheit anderer, Arbeitsabläufe, Termintreue)
- **Arbeitsbedingungen** (wie Lärm, Temperatur, Beleuchtung, Gase, Schmutz, Erschütterungen, Unfallgefahr)

> **Wie unterscheiden sich die beiden Methoden der analytischen Arbeitsbewertung (→ Rangreihenverfahren und Stufenwertzahlverfahren)?** **?**

Überblick über die Methoden der analytischen Arbeitsbewertung:

Rangreihenverfahren	Stufenwertzahlverfahren
Für **jede Anforderungsart** einer Stelle wird (nach Genfer Schema oder nach REFA) eine **separate Rangreihe** gebildet. Jede Stelle wird durch **Vergleich** mit diesen Rängen bewertet und mit einem **Gewichtungsfaktor** - je nach Bedeutung des Kriteriums für die Stelle - multipliziert.	Ähnlich Lohngruppenverfahren: **Es wird für jedes Anforderungsmerkmal eine Punktwertreihe** mit Abstufungen (von 0 äußerst gering - bis 100 extrem groß) aufgestellt. Diese Stufen werden definiert, anhand von Beispielen erläutert und mit einer Wertzahl versehen. Es kann evtl. zusätzlich eine Gewichtung (nach Wichtigkeit) erfolgen.

Rangreihenverfahren	Stufenwertzahlverfahren
Vorgehen:	**Vorgehen:**
1. Beschreiben der Arbeit und ermitteln des Rangplatzes der Stelle für jede Anforderungsart nach REFA oder Genfer Schema (Rangreihenwerte, z.B. von 0 bis 100 oder 0 bis 10)	1. Aufstellung von allgemeinen Punktwertreihen/Bewertungsstufen für jedes Anforderungskriterium (von 0 bis 10 oder 0 bis 100)
2. Multiplizieren des Rangs mit dem Gewichtungsfaktor (von 0 bis 1)	2. Vergleich der Tätigkeit mit den Stufen je Anforderungsmerkmal und Bewertung der Tätigkeit mit einer Wertezahl
3. Ergebnis: Gesamtstellenwert der Tätigkeit	3. Evtl. Gewichtung pro Stelle
	4. Die Addition der Punktwerte für eine Arbeitstätigkeit (= Arbeitswertsumme) ermöglicht die Einstufung zu einer Entgeltgruppe

Beispiele einer analytischen Arbeitsbewertung:

Rangreihenverfahren	Stufenwertzahlverfahren

Ermitteln des Rangplatzes in der REFA Rangreihe von 0 bis 100. Dieser Rangwert multipliziert mit dem Gewichtungsfaktor ergibt den Arbeitswert.

	Rang-platz	Gewich-tungs-faktor	Arbeits-wert
Kenntnisse:	20	x 0,7	= 14
Geschick-lichkeit:	50	x 0,9	= 45
Geistige Belastung:	15	x 0,6	= 9
Körperliche Belastung:	80	x 1,0	= 80
Verantwor-tung:	20	x 0,6	= 12
Umwelteinflüsse:	80	x 0,7	= 56
Gesamt-arbeitswert:			= 216
		Lohn-gruppe:	7

Punktwertreihen:

Anforderungsart	Bewertungsstufe	Wertzahl
Kenntnisse	äußerst gering	0
	gering	2
	mittel	4
	groß	6
	sehr groß	8
	extrem groß	10

Beschreibung der Bewertungsstufen „Kenntnisse":

- **Kenntnisse äußerst gering:**
  Arbeiten einfachster Art, ohne vorherige Kenntnisse, nach kurzer Unterweisung

- **Kenntnisse extrem hoch:**
  Hervorragendes Können und Beherrschen fachübergreifender und hochwertiger Fachaufgaben, abgeschlossene Hochschulausbildung und eine mehrjährige fachspezifische Berufserfahrung

1.2 Auswertung der Potenzialanalyse

DEFINITION POTENZIALANALYSE / POTENZIALEINSCHÄTZUNG

Die Potenzialanalyse, auch Potenzialeinschätzung genannt, bewertet die **zukünftigen Fähigkeiten** des Mitarbeiters in Bezug auf dessen Ressourcen.

Hierbei wird versucht, die vorhandenen, aber brachliegenden, sowie die noch nicht erkannten oder noch nicht ausgebildeten Fähigkeiten festzustellen.

Ziel der Potenzialanalyse ist es, die Kompetenzen und Fähigkeitspotenziale (wie persönlicher Eigenschaften, Verhaltensmuster, Fähigkeiten, Stärken, Interessen und Talente) der Mitarbeiter für **zukünftige** Tätigkeiten zu ermitteln und zu erfassen.

Die Potenzialanalyse bildet folglich die Grundlage für zielgerichtete Entscheidungen und Weichenstellungen in der Personalentwicklung.

→ Die Potenzialanalyse wird bei der **lang- und mittelfristigen Personalplanung und Personalentwicklungsplanung** eingesetzt.

Folgende Merkmale/Kompetenzen werden im Rahmen der Potenzialermittlung insbesondere untersucht:

Sozialkompetenz/ Führungskompetenz	■ Umgang mit Mitarbeitern ■ Sachliche und kooperative Auseinandersetzung, Kooperationsvermögen ■ Kommunikationsfähigkeit
Individualkompetenz/ Persönlichkeitskompetenz	■ Lern- und Leistungsbereitschaft ■ Motivation und Engagement ■ Verantwortungsbereitschaft ■ Flexibilität
Methodenkompetenz	■ Fähigkeit zu zielgerichtetem und planmäßigem Vorgehen bei der Bearbeitung beruflicher Aufgaben und Probleme ■ Erfassung betrieblicher Zusammenhänge ■ Organisationstalent ■ Problemlösefähigkeit ■ Entscheidungsfähigkeit
Fachkompetenz	■ Anwendung von Kenntnissen und Fähigkeiten ■ Welches Wissen hat der Mitarbeiter, um aktuelle und zukünftige Aufgaben zu lösen?

Welche Fragestellungen sind bei der Potenzialanalyse wichtig?

Im Mittelpunkt der Potenzialanalyse stehen insbesondere Fragestellungen:

Entwicklungsrichtung	▪ Wohin kann sich der Mitarbeiter entwickeln? ▪ In Bezug auf welche Aufgabenstellung soll die Entwicklung stattfinden?
Entwicklungshorizont	▪ Wo sind die Grenzen des Potenzials des Mitarbeiters? ▪ Wie weit kann der Mitarbeiter dabei kommen?
Veränderungsprognose	▪ Wohin soll sich der Mitarbeiter verändern? ▪ Was soll der Mitarbeiter genau erreichen (Welches Ziel)? ▪ Mit welcher Wahrscheinlichkeit wird die Entwicklung eintreffen?
Entwicklungs- und Einsatzalternative	▪ Welche berufliche Entwicklung wäre alternativ möglich? ▪ Welcher berufliche Einsatz wäre alternativ möglich?
Individuelle Fördermaßnahmen	▪ Mit welchen besonderen Maßnahmen kann das angestrebte Ziel individuell erreicht werden?

 Welche Informationsquellen werden bei der Potenzialerfassung eingesetzt?

Die Erfassung der Mitarbeiterpotenziale ist unverzichtbare Grundlage der Planung, Durchführung und Kontrolle von Personalentwicklungsmaßnahmen.

Folgende Informationsquellen werden für eine Potenzialerfassung eingesetzt:

▪ Analyse der Personalakte

   Inhalt der Personalakte: persönliche Daten des Mitarbeiters, Bewerbungsunterlagen, Beförderungen, Versetzungen, Beurteilungen, Personalfragebogen, Zeugnisse etc.

▪ Personalentwicklungsdatei

▪ Personalentwicklungsgespräche/Beurteilungsgespräche

▪ Mitarbeiterbefragung, Vorgesetztenbefragung, strukturierte Interviews

- Personalinformationssystem
- Auswertung von Tests (über Persönlichkeit, Intelligenz, Leistung)
- Auswertung von Arbeitsproben
- Auswertungen des Assessment Centers

Welche Verfahren der Potenzialeinschätzung werden unterschieden? **?**

Verfahren/Methoden/Instrumente der Potenzialeinschätzung:

- Assessment Center
- Strukturierte Interviews
- Tests (über Persönlichkeit, Intelligenz, Leistung)
- Bewährungsaufgaben, wie Arbeitsproben, gezielte Präsentationsaufgaben
- Übertragung gezielter Sonder- oder Projektaufgaben
- Stärken-Schwächen-Analysen
- 360° Feedback,
  d.h., ganzheitliche und umfassende Leistungs-, Verhaltens- und Kooperationsbeurteilung
- Planspiele
- Standardisierte Potenzialeinschätzung durch den Vorgesetzten und ggf. kombiniert mit einem Abgleich der Mitarbeiter-Selbsteinschätzung

Hinweis:

Zur Potenzialanalyse wird insbesondere das Assessment Center eingesetzt, das im Folgenden detailliert erläutert wird.

Assessment Center

DEFINITION ASSESSMENT CENTER

Ein Assessment Center (AC) ist ein strukturiertes Personalauswahl- und Personalbewer-tungsverfahren, das Unternehmen zur Rekrutierung und Bewertung von Mitarbeitern einsetzen.

→ **Systematisches Verfahren der Personalbeurteilung**

Das Assessment Center ist eine seminarähnliche Veranstaltung (1 bis 3 Tage), in deren Verlauf Beobachter mehrere Teilnehmer in unterschiedlichen praxisrelevanten Testsituationen beob-achten und aufgrund der unmittelbaren Beobachtung sowie anhand von vorher definierten Kriterien beurteilen.

Die Übungen simulieren Entscheidungszwänge, Mitarbeiterkonflikte und Verhaltensprobleme, mit denen die Kandidaten in ihrer späteren Tätigkeit tatsächlich konfrontiert werden.

In folgenden Bereichen wird das Assessment-Center typischerweise eingesetzt:

1. bei der **Personalbeschaffung**
   → Auswahl externer bzw. interner Bewerber (= Auswahlassessment)

2. bei der **Personalentwicklung**
   → Weiterbildungsanalyse, Aufgabenerweiterung (= Beurteilungs-/Entwicklungsassessment)
   → Laufbahnplanung (= Beförderungsassessment)

Hinweis:

Ursprünglich war das Assessment Center nur für höhere Funktionen im Wirtschaftsbereich gedacht, mittlerweile wird es auf allen Hierarchieebenen angewandt und ist das bevorzugte Instrument zur Personalauslese und Personalentwicklung.

 Welche Ziele verfolgt das Assessment Center AC?

Ziele des Assessment Center AC:

- **„Objektivierung" des Beurteilungsverfahrens,**
  d.h., die Unternehmen versprechen sich objektivere Urteile über die Fähigkeiten der Kandidaten.

- **Prüfung einer Auswahl von Kompetenzen,**
  Beurteilung von Leistungsfähigkeit, Arbeitstechnik und Potenzialvermögen sowie Erkennen von Einstellungen und Verhaltensweisen im zwischenmenschlichen Bereich.

- **Risikominderung bei der Auswahl,**
  d.h., mehrere neutrale Beobachter stellen fest, welcher Teilnehmer für die entsprechende Position objektiv am besten geeignet ist.

  Durch die Simulation von zukünftigen Aufgaben kann aus dem Verhalten der Teilnehmer Rückschlüsse gezogen werden, wer sich am besten für eine bestimmte Position bzw. für Führungstätigkeiten eignet.

- **Ermittlung des Bildungs- und Entwicklungsbedarfs der Teilnehmer,**
  d.h., es werden konkrete Weiterbildungsbedürfnisse festgestellt, und damit erhält der Arbeitgeber exakte Ausgangsinformationen für die Weiterbildungsplanung des entsprechenden Mitarbeiters.

- **Rechtfertigung der Personalentscheidung,**
  d.h., da durch das AC nachvollziehbare und überprüfbare Entscheidungskriterien geschaffen werden, kann sich das Unternehmen somit vor Klagen schützen.

Welche Funktionen hat das Assessment Center AC?

Das AC hat insbesondere folgende Funktionen:

1. **Die Prüfung der fachlichen, sozialen und methodischen Kompetenzen des Bewerbers/ Mitarbeiters,** welcher der Stelleninhaber für die optimale Besetzung der Stelle benötigt wie Fachkompetenz, Führungsqualitäten, Teamfähigkeit, soziale Kompetenz im Umgang mit Mitarbeitern, Stressresistenz etc.

2. **Die Rechtfertigung der Personalentscheidung**
   Nach der Einführung des Allgemeinen Gleichbehandlungsgesetzes AGG wurde dem Assessment Center zusätzlich ein juristische Komponente verliehen:
   Um das Unternehmen vor Klagen zu schützen (wegen der Nichtbeachtung des Gleichbehandlungsgrundsatzes), schaffen die Auswahlverfahren nachvollziehbare, transparente und gerichtlich überprüfbare Entscheidungskriterien.

Welche Vor– und Nachteile haben Assessment Center?

Vorteile des Assessment Centers	Nachteile des Assessment Centers
■ Mehrere Beobachter machen die Entscheidung objektiver → hohe Objektivität	■ Sehr hohe Kosten
■ Soziale Kompetenzen, wie Teamfähigkeit, können besser überprüft werden	■ „Verliererproblematik", d.h., wie reagieren Teilnehmer, die aktuell nicht als Potenzialträger gesehen werden?
■ Relativ langer Beobachtungszeitraum (1-3 Tage)	■ Gefahr der Demotivation bei internen Teilnehmern
■ Gute Vergleichsmöglichkeiten der Bewerber/Potenzialträger untereinander	■ Hoher zeitlicher Aufwand für Planung und Durchführung
■ Transparente Personalentscheidung	

Welche Schritte sind bei der Entwicklung eines unternehmensspezifischen Assessment Centers zu beachten?

Schritt 1: Auftragsklärung

Abstimmung mit der Unternehmensleitung zur Klärung ...

- ■ der Anforderungen, Erwartungen/Nutzen und Ziele für das geplante AC
- ■ der Rahmenbedingungen des ACs, wie Ressourcen, Budget, Zeithorizont der Einführung

- der Konsequenzen für die Teilnehmer aus dem AC,
wie Verliererproblematik, Gültigkeit des AC-Ergebnisses im Hinblick auf Besetzungsentscheidungen oder Förderung der Mitarbeiter. Welche Maßnahmen sollen sich an das AC anschließen?

Schritt 2: Internes oder externes AC

Entscheidung, ob das AC firmenintern oder durch eine externe Beratungsfirma durchgeführt wird.

- Bei einem externen AC ist die Beratungsfirma auszuwählen.
- Bei einem internen AC ist die Projektgruppe auszuwählen.

Schritt 3: Arbeits- und Anforderungsanalyse

Im Assessment Center wird die Passung zwischen dem Stelleninhaber einerseits und der beruflichen Tätigkeit andererseits überprüft.

- Analyse der Anforderungen für die konkrete Tätigkeit.
- Erstellen von Stellenbeschreibungen und Anforderungsprofilen für die erfolgreiche Tätigkeit.
- Definition der gewünschten Schlüsselqualifikationen ausgehend von den Stellenanforderungen und damit Klärung der Anforderungen an die Assessment Center Teilnehmer.

Schritt 4: Auswahl bzw. Entwicklung der Übungen zum AC

Es geht um die Auswahl zur Zusammenstellung bzw. gegebenenfalls Entwicklung geeigneter Übungen, Aufgaben und Arbeitssituationen im AC, die so realistisch wie möglich sein sollen.

Die AC-Übungen simulieren Arbeitssituationen wie

- Entscheidungszwänge,
- Mitarbeiterkonflikte,
- Verhaltensprobleme,

die im Arbeitsalltag über Erfolg oder Misserfolg des Stelleninhabers entscheiden.

Schritt 5: Beobachtung und Bewertung

- Erarbeiten von Beobachtungskriterien sowie eines Protokollierungsbogens zum Teilnehmerverhalten.

  → Die dokumentierten Beobachtungen dienen zur Bestimmung des Stärken- und Schwächenprofils des jeweiligen Teilnehmers.

- Auswahl des Beobachterteams intern bzw. Bereitstellung externer Beobachter.
- Schulung des unternehmensinternen Beobachterteams.

  Inhalte der Schulung:

  Vorstellung der eingesetzten Übungen und des Ablaufs des ACs; Erläuterung der Beobachtungskriterien; Sensibilisierung der Beobachter auf mögliche Beobachtungs- und Beurteilungsfehler; richtiges Verhalten während des ACs; zu beachtende Regeln etc.

- Regeln bei der Beobachtung:

  Jeder Beobachter sieht jeden Kandidaten mehrfach; jedes Merkmal wird mehrfach erfasst und mehrfach beurteilt; die Beobachter müssen geschult sein

Schritt 6: Organisation und Durchführung des ACs

- Auswahl und Einladung der Teilnehmer des ACs
- Durchführung des ACs

Schritt 7: Feedback und Folgemaßnahmen

- Durchführung von Feedbackgesprächen

    Hinweis:

    Jeder AC-Teilnehmer hat das Recht auf individuelles Feedback, um so das Ergebnis nachzuvollziehen und daraus lernen zu können.

- Eignungs- bzw. Förderempfehlungen:

    Nach dem AC sind konkrete Folgemaßnahmen abzuleiten und umzusetzen.

Schritt 8: Evaluation des ACs

Regelmäßige Güteprüfungen und Qualitätskontrollen stellen sicher, dass

- die mit dem AC angestrebten Ziele nachhaltig erreicht werden,
- das AC ständig verbessert wird und
- damit auch der notwendige Aufwand legitimiert wird.

Welche typischen Übungen werden im Assessment Center eingesetzt? **?**

Übungen	Inhalt	Kriterien
Selbst-präsentation	Selbstdarstellung der Teilnehmer - Welche Informationen, Erfahrungen und Stärken gibt der Teilnehmer von sich preis? - Was unterscheidet den Teilnehmer von den anderen?	Darstellungsvermögen, Kommunikationsfähigkeit, Überzeugungskraft, Ausdruck, Auftreten
Präsentation/ Kurzpräsentation	Präsentation zu einem vorgegebenen Thema oder freie Themenwahl - Es geht um die Herausarbeiten einer Lösung unter Zeitdruck, - Vorbereitungszeit ca. 30-60 Minuten, - anschließend Präsentation für ca. 10 - 15 Minuten vor einem Publikum aus Beobachtern. **Hinweis:** Bei freier Themenwahl sollte das Thema so gewählt werden, dass möglichst wenig Vorwissen bei den Zuhörern erforderlich ist.	Kommunikationsfähigkeit, Überzeugungskraft, Ausdruck, Umgang mit Stress

Übungen	Inhalt	Kriterien
(Kurz-) Vorträge	**Vortrag erarbeiten** Teilnehmer erarbeitet sich zu einem Thema einen roten Faden und trägt das Erarbeitete mündlich vor.	Rhetorische Fähigkeit, Auftreten, Ausdrucksfähigkeit, Überzeugungskraft, Umgang mit Stress, Spontaneität
Interview	**Frage-Antwort-Gespräch** Mit den Teilnehmern wird i.d.R. ein Einzelinterview - vergleichbar mit einem Vorstellungsgespräch - geführt. Dabei können Führungssituationen besprochen und analysiert werden.	Fähigkeit und Darlegung eigener beruflicher Kenntnisse und Erfahrungen, rhetorische Fähigkeit, Überzeugungskraft, Argumentation, Auftreten, Ausdrucksfähigkeit, Ausprägung des Selbstbewusstseins, Prüfung der persönlichen Zielvorstellungen der Teilnehmer
Gruppendiskussion	**Bestimmtes kontroverses Thema wird zur Bearbeitung und Diskussion - unter vorgegebener Zeit - gestellt.** ■ **Kooperativorientierte Themen:** Die Gruppe muss sich auf ein weiteres Vorgehen, eine Rangfolge oder eine Entscheidung einigen. ■ **Konfliktorientierte Themen:** Hier geht es darum, seinen eigenen Standpunkt gegenüber den anderen durchzusetzen.	Kommunikationsfähigkeit, Teamfähigkeit, Überzeugungskraft, Führungsverhalten, Argumentation, Beharrlichkeit, Sachlichkeit, eigener Standpunkt vertreten, Zielorientierung, Durchsetzungsfähigkeit, auf andere eingehen können, Leistungsverhalten, Sozialverhalten, Einhalten der Gesprächsregeln (wie Höflichkeit, Respekt, ausreden lassen)
Postkorbübungen	**Teilnehmer müssen unter Zeitdruck Schriftstücke** (zumeist ein Stapel unbearbeiteter Briefe, Telefon- und Terminnotizen, Anfragen) **bearbeiten** und Entscheidungen treffen und zwar entsprechend ihrer Dringlichkeit, Komplexität und ihrer Bedeutsamkeit fürs Unternehmen. **Oder,** **wichtige Termine und ToDos** sind unter Zeitdruck zu koordinieren, Prioritäten sind zu bestimmen und ggf. Aufgaben zu delegieren. **Hinweise:** ■ Der Postkorb ist in einer vorgegebenen Zeit in Einzelarbeit schriftlich zu lösen. ■ Im anschließenden Gespräch werden die getroffenen Entscheidungen diskutiert.	Organisationsverhalten/ Organisationstalent, priorisieren können, Zeitmanagement, Umgang mit Stress, schriftlicher und mündlicher Ausdruck, Kreativität, Blick für das Wesentliche, Entscheidungsverhalten, Belastbarkeit, Entschlossenheit, analytische Kompetenz

Übungen	Inhalt	Kriterien
Rollenspiele, insbesondere Konfliktgespräche	Bei Rollenspielen sind zumeist **konfliktbeladene Gespräche mit Mitarbeitern** zu führen. → Wie verhält sich der Teilnehmer in Konfliktsituationen? Hierbei übernehmen die Teilnehmer in der Regel die Vorgesetztenrolle und müssen mit dem Mitarbeiter eine vorgegebene Situation klären. Es können aber auch Verkaufsgespräche oder Reklamationsgespräche usw. geführt werden. Der Inhalt richtet sich nach dem Anforderungsprofil.	Führungsverhalten, Problemlösefähigkeit, Methodenkompetenz, Gesprächsführung und Kommunikationsfähigkeit, Durchsetzungsfähigkeit, Umgang mit Konfliktsituationen, Spontaneität, Kreativität, aktives Zuhören
Fallstudie	1. **Analyse einer Problemsituation,** die so im Unternehmen aufgetreten ist oder auftreten könnte, durch einen Teilnehmer alleine oder durch eine Teilnehmergruppe. 2. Erarbeitung von Lösungsvorschlägen und 3. Präsentation des besten Lösungsvorschlags vor den Beobachtern.	Konzeptionelle Vorgehensweise bei der Problemlösung, Problemanalyse, Urteilsfähigkeit, Entschlossenheit, unternehmerisches Handeln, Entscheidungsfähigkeit
Konstruktionsaufgabe	Bei der Konstruktionsübung handelt es sich um eine **besondere Form der Gruppenübung.** Die Teilnehmer bekommen dabei die Anweisung, ein bestimmtes Objekt anzufertigen, z.B. einen Turm, eine Murmelbahn oder einen Stuhl, der bestimmte Voraussetzungen erfüllen muss. Dafür werden ihnen eine begrenzte Anzahl von Materialien zur Verfügung gestellt, meistens nur Papier, Schere und Klebstoff.	Teamfähigkeit, Zielstrebigkeit, Durchsetzungsvermögen, Führungsverhalten, Zeitmanagement, Organisationstalent, Ergebnisorientierung
Organisationsaufgabe	**Erarbeiten einer Lösung,** z.B. „Organisation eines Sommerfestes". **Hinweis:** Die Rollen werden vorab <u>nicht</u> festgelegt.	Übernahme der Gesamtverantwortung, Kombinationsfähigkeit, Kreativität, Überblick behalten, Zeitmanagement, Organisationstalent, Leistungsbereitschaft, logisches Denken
Test	Den Teilnehmern werden **Leistungs-, Intelligenztests oder psychologische Tests** zur Bearbeitung gegeben. **Hinweis:** Für Führungskräfte eignet sich z.B. der Myers-Briggs-Typenindikator (MBTI).	Persönlichkeit, Beherrschung von fach- und Methodenwissen, Konzentrationsfähigkeit, Zeitmanagement, Umgang mit Stress, Belastbarkeit, Entschlossenheit, unternehmerisches Handeln, Problemanalyse, Zielorientierung

1.2.1 Qualifikationsstand

? Welche Fragen sind bei der Ermittlung des Qualifikationsstandes wichtig?

- Welche Qualifikation hat der Mitarbeiter?
- Welche Qualifikation braucht der Mitarbeiter?
- Welche Stärken und welche Schwächen hat der Mitarbeiter?

? Wie geht man bei der Ermittlung des Qualifikationsstandes und des Weiterbildungsbedarfs vor?

Bei der Ermittlung des Qualifikationsstandes und des Weiterbildungsbedarfs zur Planung und Durchführung der Weiterbildungsmaßnahmen geht der Personalmitarbeiter in folgenden Schritten vor:

Schritte	Instrumente	Beschreibung
1. **Schritt:** **Ermittlung der Anforderungen an die Stelle** **= Soll-Analyse**	Anforderungsprofil, Stellenbeschreibung, Aufgabenanalyse, Anforderungsanalyse, Stellendaten	Analyse der aktuellen und zukünftigen Arbeitsanforderungen für die (geplante) Stelle. Es gibt Muss-Anforderungen und Soll-Anforderungen.
2. **Schritt:** **Ermittlung der Mitarbeiterqualifikation und des Entwicklungspotenzials** **= Ist-Analyse**	Frühere Beurteilungen, Vorgesetztenbefragung, Tests, Assessment Center, Arbeitsproben, Workshops, Potenzialanalysen, Personalakte, Personalentwicklungsgespräche	Analyse der aktuellen Qualifikationen und der Potenziale des Mitarbeiters
3. **Schritt:** **Ermittlung der Interessen des Mitarbeiters**	Mitarbeiterbefragung der Wünsche durch freie Abfrage im Gespräch oder durch einen strukturierten Fragebogen	Bei der Mitarbeiterbefragung sollen die Entwicklungswünsche und Interessen des Mitarbeiters ermittelt werden.

Schritte	Instrumente	Beschreibung
4. Schritt: **Feststellung des Weiterbildungsbedarfs und der Fördermaßnahmen** **= Soll-Ist-Vergleich**	Abweichanalyse, Profilvergleichsanalyse	Der Soll-Ist-Vergleich (= **Vergleich des Anforderungsprofils mit dem Eignungsprofil**) ermöglicht eine genaue Bewertung der einzelnen Anforderungen und führt zur Formulierung des Weiterbildungsbedarfs und der Ableitung spezifischer Personalentwicklungsziele. ■ Soll > Ist (Defizit) ■ Soll = Ist ■ Soll < Ist (Überhang)

Was versteht man unter einer Qualifikationsmatrix? **?**

Die Qualifikationsmatrix ist ein **Werkzeug zur einheitlichen Erfassung** des arbeitsplatzbezogenen Qualifikationsstandes von Beschäftigten.

Sie ist Teil einer Qualifizierungsbedarfsanalyse und gibt den Grad der fachlichen Beherrschung einzelner Tätigkeiten durch die Beschäftigten wieder.

Sie eignet sich damit auch als hilfreiches Instrument der Personalentwicklung, denn sie visualisiert den Qualifikationsbedarf.

Hinweis:

Die Qualifikationsmatrix wird insbesondere im **Produktionsbereich** eingesetzt.

Nutzen der Qualifikationsmatrix:

Die Qualifikationsmatrix ...

■ stellt Vergleichbarkeit und Objektivität sicher, z.B. bei der Mitarbeiterbeurteilung,

■ gibt einen schnellen Überblick über die fachlichen Kompetenzen der Mitarbeiter,

■ verbessert die Prozess- und die Personaleinsatzplanung,

■ lässt schnell und einfach den exakten Qualifizierungsbedarf ermitteln,

■ gibt Auskunft über in der Zukunft auftretende Qualifikationslücken,

■ schafft Transparenz in der Personalorganisation.

Vorgehen beim Erstellen einer Qualifikationsmatrix:

1. Identifizierung der Anforderungen
   wie relevante Arbeitsschritte/Kenntnisse/Qualifikationen (Bsp.: Bedienung Maschine x;

spezielle EDV-Kenntnisse; spezielle Materialkenntnisse; Vorhandensein von Prüfungszertifikaten wie Flurfördermittelschein, Schweißerschein etc.)

2. Detaillierte Beschreibung und Auflistung der Qualifikationsanforderungen
3. Einstufung/Bewertung der Mitarbeiter je Qualifikationsanforderung anhand von Ziffern (siehe Legende in der untenstehenden Abbildung)
4. Regelmäßige Pflege und Aktualisierung der Qualifikationsmatrix

Qualifikationsmatrix Abteilung Produktion:

Mitarbeiter / Qualifikation	Meier A.	Müller F.	Schmidt Th.	Becker F.	Schulze M.
Maschine/Anlage 1	1	1	1	2	3
Maschine/Anlage 1	1	1	1	2	3
Maschine/Anlage 1	1	1	1	2	3
Maschine/Anlage 1	1	1	1	2	3
Maschine/Anlage 1	1	1	1	2	3
Maschine/Anlage 1	1	1	1	2	3
Stapler fahren	0	2	1	1	3
Kran bedienen	0	2	1	4	1
Ersthelfer	3	3	3	0	0
Sicherheitsbeauftragter	0	0	3	4	0
MS-Office	2	1	3	4	1
Meister vertreten können	2	0	1	0	0
Kleine Störungen beheben können	1	2	2	3	0

Legende:

1	erfüllt Anforderungen vollständig
2	erfüllt Anforderungen teilweise
3	wird in der Anforderung angelernt
4	erfüllt Anforderungen nicht
0	benötigt Qualifikation nicht

1.2.2 Qualifizierungsgespräche

DEFINITION QUALIFIZIERUNGSGESPRÄCH

Unter einem Qualifizierungsgespräch (auch **Förder- oder Personalentwicklungsgespräch** genannt) versteht man ein Gespräch zwischen Vorgesetztem und Mitarbeiter, bei dem
- unter Berücksichtigung der betrieblichen Möglichkeiten und der Eignung und Neigung des Mitarbeiters - die berufliche Entwicklung sowie die dafür notwendigen Förder- und Bildungsmaßnahmen abgestimmt werden.

Der Vorgesetzte ist im Sinne seiner Führungsverantwortung aufgefordert, praktische Wege der mittel- und langfristigen Entwicklung seiner Mitarbeiter zu überlegen und zu konkreten Vereinbarungen von Fördermaßnahmen mit dem Mitarbeiter zu gelangen.

Die Förderung der Mitarbeiter ist die zentrale Aufgabe aller Führungskräfte und unerlässlicher Baustein der Personalentwicklung.

Grundlage	Zukünftige Anforderungen an den Mitarbeiter zur Aufgabenerledigung
Gesprächsziel	Festlegung der Qualifizierungsmaßnahmen des Mitarbeiters in einem Qualifizierungsplan
Gesprächsinhalt	■ Zukünftige Entwicklungsmöglichkeiten des Mitarbeiters (= betriebliche Bedürfnisse) **und** ■ Vorstellungen bzw. Wünsche des Mitarbeiters (= persönliche Bedürfnisse)

In welchen Phasen läuft ein Qualifizierungsgespräch ab?

---

1. Phase: Einleitung	■ Sich auf den Gesprächspartner einstellen ■ Aufbau einer positiven Gesprächsatmosphäre, Begrüßung und Gesprächsziel nennen ■ Benennung des bisherigen Aufgabengebietes des Mitarbeiters ■ Nennen der Stärken und Schwächen des Mitarbeiters
2. Phase: Sicht des Mitarbeiters	■ Mitarbeiter schildert seine Sicht der Dinge, also seine Erwartungen, Wünsche und Interessengebiete im Hinblick auf seine weitere berufliche Entwicklung

3. Phase: Diskussion	■ Vorgesetzter schildert seine Sicht der Dinge über die berufliche Entwicklung des Mitarbeiters unter Heranziehung der Ergebnisse der Mitarbeiterbeurteilungen ■ Diskussion über die bestehenden betrieblichen Möglichkeiten ■ Abstimmung über die künftigen Aufgaben oder Arbeitsziele und die dafür erforderlichen Maßnahmen
4. Phase: Fördermaßnahmen vereinbaren und Abschluss	■ Festlegung der vereinbarten Fördermaßnahmen wie Schulungen, Nachfolgeplanung, Mitwirkung an Projekten, Übernahme von Verantwortung etc. ■ Erstellen einer groben Zeitplanung der vorgesehenen Förder- und Bildungsmaßnahmen und eventuell vereinbaren von Meilensteinen (d.h., bis wann muss was erreicht sein) sowie von weiteren Gesprächsterminen ■ Gesprächsabschluss
5. Phase: Nachbereitung	■ Anfertigen eines Gesprächsprotokolls ■ Durchführung der Fördermaßnahmen ■ Systematische und regelmäßige Kontrolle der Ziele und der Fördermaßnahmen, d.h., was konnte realisiert werden und was nicht? Warum konnte es nicht realisiert werden? ■ Eventuell Anpassung der Fördermaßnahmen bzw. der Ziele

1.2.3 Stärken/Schwächen

Die Förderung der Mitarbeiter ist die zentrale Aufgabe der Führungskraft.

Stärken und Schwächen der Mitarbeiter sind zu ermitteln. Stärken sind zu fördern und auszubauen, Schwächen sind soweit wie möglich auszuräumen.

Um die Eignung und die Stärken der Bewerber bzw. Mitarbeiter zu erkennen, sind die arbeitsplatzspezifischen Anforderungen (= Anforderungsprofil) mit den vorhandenen Qualifikationen der Bewerber bzw. der Mitarbeiter (= Eignungsprofil) abzugleichen.

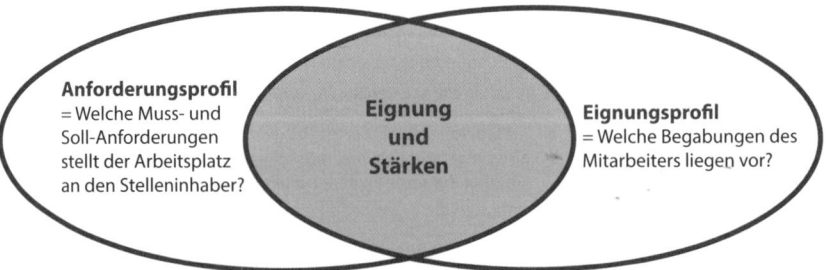

Abb.: Eignung und Stärken

Welche Anforderungen werden an Führungskräfte gestellt?

DEFINITION FÜHRUNGSKRAFT

Als Führungskräfte werden Personen im Unternehmen bezeichnet, welche Mitarbeiter führen, unternehmensrelevante Entscheidungen treffen und deren Umsetzung steuern. Führungskräfte besitzen aufgrund rechtlicher oder organisatorischer Regelung Entscheidungs– und Anordnungsbefugnisse und haben damit die Befugnis, anderen Personen verpflichtende Weisungen zu erteilen.

Wichtigste Anforderungen an Führungskräfte:

- Teamgeist
- Selbständigkeit
- Führungseigenschaften
- Einfühlungsvermögen
- Verhandlungsgeschick
- Initiative/Einsatzfreude

- Durchsetzungsfähigkeit
- Kreativität
- Analytisches Denken
- Flexibilität
- Organisationstalent
- Wirtschaftliches Denken

BEACHTE

Folgen schlechter Mitarbeiterführung sind z.B.
unzufriedene Mitarbeiter, Qualitätsverluste bzw. hohe Fehler– und Ausschussquote, Arbeitsunfälle, schlechte Arbeitsmoral, hohe Fluktuation, rückläufige Produktionszahlen, steigende Fehlzeiten durch Krankheit, Flucht der Mitarbeiter in Krankheit oder Sucht, mangelnde Identifikation der Mitarbeiter mit den Zielen des Unternehmens etc.

1.2.4 Qualifizierungspläne

Um die notwendige Qualifikation zu erreichen, sind Qualifizierungspläne **global oder individuell** zu erstellen.

Globale Qualifizierungspläne	**Vielzahl** von Mitarbeitern durchlaufen gleiche Qualifikationsseminare, z.B. Grundlagenseminare
Individuelle Qualifizierungspläne	Mit dem **einzelnen Mitarbeiter erarbeitete** Qualifizierungspläne **Ziele:** ■ Beseitigung von Schwächen des einzelnen Mitarbeiters ■ Laufbahn- und Karriereplanung

Beispiele für Qualifizierungspläne:

■ Nachfolgepläne

■ Laufbahnpläne (individuell oder standardisiert)

■ Rotationspläne

■ Vertretungspläne

■ Spezielle Pläne zur Förderung von Nachwuchskräften (= Nachwuchsförderungspläne)

■ Spezielle Pläne zur Förderung von Auszubildenden (= Ausbildungsförderungspläne)

2

Konzepte für die Kompetenzentwicklung der Mitarbeiter
sowie Qualifikationsanalysen
und Qualifizierungsprogramme
entwerfen und umsetzen

Strukturierung der
schriftlichen Prüfung | 15%

2.1 Stellenwert der Kompetenzentwicklung

Kompetenzen	
hat man durch	bekommt man zugewiesen durch
Persönliche Eigenschaften/ Qualifikationen	**Zuständigkeit/Verantwortung**
= individuelles Arbeitsvermögen eines Mitarbeiters → **„kennen, können und wollen"**	= Befugnisse und Rechte für ein bestimmtes Handeln → **„dürfen"** Beispiele: Entscheidungs-, Anordnungs-, Verpflichtungs-, Verfügungs-, Kontroll-, Beratungs-, Informationsbefugnisse

2.1.1 Kompetenzbegriff und Qualifikationsbegriff

DEFINITION KOMPETENZEN

Nach der bundesdeutschen Kultusministerkonferenz (KMK) im Jahre 2000 wird Kompetenz verstanden als „die Bereitschaft und Fähigkeit des Einzelnen, sich in gesellschaftlichen, beruflichen und privaten Situationen sachgerecht durchdacht sowie individuell und sozial verantwortlich zu verhalten".

 Welche Kompetenzfelder werden unterschieden?

Kompetenzfelder	Erläuterung	Beispiele (=Schlüsselqualifikationen)
Fachkompetenz	Anwendung funktionsbezogener Kenntnisse und Fertigkeiten, die zur Lösung der aktuellen und zukünftigen Aufgaben erforderlich sind. → Konkretes fachliches Können, gestützt durch Erfahrungen	berufstypische Kenntnisse, Fertigkeiten und Erfahrungen, logisches, analytisches und abstrahierendes Denken, Erkennen von System– und Prozesszusammenhängen

Kompetenzfelder	Erläuterung	Beispiele (=Schlüsselqualifikationen)
Sozialkompetenz	Fähigkeit, besser miteinander zu kommunizieren, zu kooperieren und Konflikte konstruktiv zu lösen. → Sachliche und kooperative Auseinandersetzung und Verständigung; kritische und verantwortungsbewusste Urteilsfindung; Mitwirkung und Mitbestimmung	Kooperationsfähigkeit, Einfühlungsvermögen, Hilfsbereitschaft, Menschenkenntnis, Ausdrucksfähigkeit, Kommunikationsfähigkeit
Individualkompetenz/ Persönlichkeitskompetenz	Kenntnis eigener Fähigkeiten und Stärken und damit situationsgerecht umgehen zu können. → Fähigkeiten und Einstellungen, in denen sich die individuelle Haltung zur Welt und zur Arbeit widerspiegelt	Motivation, Initiative/Engagement, Selbstsicherheit, Kreativität, ethische Werthaltung, realistisches Selbstbild, Ausdauer, Kritikfähigkeit, Lern- und Leistungsbereitschaft, Verantwortungsbereitschaft
Methodenkompetenz	Fähigkeit und Bereitschaft zu zielgerichtetem und planmäßigem Vorgehen bei der Bearbeitung beruflicher Aufgaben und Probleme. → Auswahl, Anwendung und Weiterentwicklung gelernter Denkmethoden, Arbeitsverfahren und Lösungsstrategien zur Bewältigung von Aufgaben und Problemen	Problemlösefähigkeit, Planungsfähigkeit, Flexibilität, Entscheidungsfähigkeit, analytisches Denken, Gesprächsmethoden

Hinweis:

Fachliches und berufstheoretisches Wissen allein sind heute nicht mehr ausreichend, um Mitarbeiter erfolgreich zu führen.

Um neue Anforderungen und auftretende Veränderungen auch in der Zukunft bewältigen zu können, sind **fachübergreifende Qualifikationen (→ Sozial-, Methoden- und Individualkompetenz)** erforderlich. Diese ermöglichen eine ständige Adaption des vorhandenen Wissens.

Was versteht man unter Handlungskompetenz?   **?**

DEFINITION HANDLUNGSKOMPETENZ

Handlungskompetenz ist die **Schnittmenge der Kompetenzbereiche.**

Handlungskompetenz stellt die Fähigkeit und Bereitschaft dar, Kenntnisse und Fertigkeiten sowie persönliche, soziale und methodische Fähigkeiten in Arbeits- und Lernsituationen anzuwenden und für die persönliche und berufliche Entwicklung zu nutzen.

Handlungskompetenz bedeutet also die Befähigung eines Menschen,

- sich situativ angemessen zu verhalten,
- selbstverantwortlich Probleme zu lösen,
- bestimmte Leistungen zu erbringen und
- mit anderen Menschen angemessen umzugehen.

BEACHTE

Die Führungskraft wird insbesondere daran gemessen, wie erfolgreich ihre Mitarbeiter sind. Daher hat sie die Aufgabe, die Mitarbeiter zu unterstützen und ihre Kompetenzen zu fördern. Dafür benötigt sie selbst Handlungskompetenz.

 Was versteht man unter „Qualifikation"?

DEFINITION QUALIFIKATION

„Qualifikation" bezeichnet das gesamte Leistungspotenzial eines Mitarbeiters, also alle Fertigkeiten, Fähigkeiten und Kenntnisse, die zur Erledigung arbeitsplatzspezifischer Tätigkeiten befähigen.

Qualifikationen

Fachliche Qualifikationen	Überfachliche Qualifikationen
Eigenschaften aus dem Kompetenzbereich „Fachkompetenz"	Eigenschaften aus den Kompetenzbereichen „Methoden-, Sozial- und Persönlichkeitskompetenz"
Bsp.:	Bsp.:
Kenntnisse und Wissen, Fähigkeiten und Fertigkeiten	Methoden und Prozesse, Persönlichkeit, Verhalten, Motivation
	Hinweis:
	Überfachliche Qualifikationen werden auch fachübergreifende Qualifikationen genannt.

2.1.2 Schlüsselqualifikationen

DEFINITION SCHLÜSSELQUALIFIKATIONEN

Schlüsselqualifikationen (auch fachübergreifende oder überfachliche Qualifikationen genannt) sind praxisbezogene, allgemeine **berufs- und fachübergreifende** Fähigkeiten, Einstellungen und Strategien, die bei der Lösung von Problemen und beim Erwerb neuer Kompetenzen in möglichst vielen Inhaltsbereichen von Nutzen sind und eine ganzheitliche Befähigung ermöglichen.

→ Schlüsselqualifikationen bilden die Grundlage für die Entwicklung von Kompetenzen.

→ Der Begriff „Qualifikation" wurde durch die Voranstellung eines „Schlüssels" zu einem universalen pädagogischen Prinzip.

→ Schlüsselqualifikationen werden auch **Soft Skills** genannt.

→ Schlüsselqualifikationen erweitern sich ständig und verlangen einen anhaltenden Lernprozess.

Beispiele für Schlüsselqualifikationen:

Lernfähigkeit, Kommunikationsfähigkeit, Teamfähigkeit, Flexibilität, kreatives Denken, Problemlösefähigkeit, Menschenkenntnis, analytisches Denken, Konfliktfähigkeit, Leistungsbereitschaft, Verantwortungsbewusstsein, Durchsetzungsvermögen, Kooperationsfähigkeit, Zuverlässigkeit, Führungsfähigkeit, Belastbarkeit, Stressresistenz, wirtschaftliches Denken, Mobilität, Kritikfähigkeit etc.

Welche typischen Merkmale kennzeichnen Schlüsselqualifikationen?

Schlüsselqualifikationen sind ...

- relativ positionsunabhängig, berufs- und funktions- und fachübergreifend,
- langfristig verwertbar,
- von übergeordneter Bedeutung,
- häufig die Basis für den Erwerb spezieller Fachkompetenzen.

Schlüsselqualifikationen sind so wichtig, weil selbständiges Handeln und Denken der Mitarbeiter wesentliche Voraussetzungen für erfolgreiche Unternehmen sind.

 Mit welchen Personalentwicklungsmaßnahmen kann das Unternehmen die Schlüsselqualifikationen "Kommunikationsfähigkeit, Teamfähigkeit und Verantwortungsbewusstsein" fördern?

Folgende Personalentwicklungsmaßnahmen verbessern das **Kommunikationsverhalten:**

- Kommunikationstrainings/-seminare
- Rhetorikseminare
- Rollenspiele
- Moderationsseminar
- Workshop-Moderationsseminar
- Mediationsweiterbildung
- Führungskräftetraining

Folgende Personalentwicklungsmaßnahmen verbessern die **Teamfähigkeit:**

- Teambuilding-Maßnahmen
- Teamentwicklungsseminare/ Teamseminare
- Gruppenübungen
- Fallstudien/Fallarbeit
- Rollenspiele
- Erfahrungsaustauschgruppen
- Teamcoaching

Folgende Personalentwicklungsmaßnahmen verbessern das **Verantwortungsbewusstsein:**

- Stellvertretungsaufgaben
- Delegation von Aufgaben und Befugnissen auf den Mitarbeiter

- Teilnahme an Projekten
- Jobenrichment
- Jobenlargement
- Jobrotation
- Qualitätszirkel
- Schulung zur Ausbildereignungsprüfung
- Führungskräftetraining

2.1.3 Zusammenhang Kompetenz-, Qualifikations– und Unternehmensentwicklung

Es stellt sich die Frage, welche Berührungspunkte Kompetenzentwicklung, Qualifikationsentwicklung und Unternehmensentwicklung haben und wie sie sich gegenseitig bedingen.

Qualifikation

Ohne qualifizierte Mitarbeiter gibt es kein optimales Arbeitsergebnis und keine positive Unternehmensentwicklung

Ohne Leistungspotenzial des Mitarbeiters (= kennen, können, wollen) werden ihm keine Befugnisse, Verantwortung und Rechte (=dürfen) übertragen.

Es besteht eine Abhängigkeit der drei Komponenten voneinander

Unternehmensentwicklung

Die Entwicklung eines Unternehmens ist abhängig von der Entwicklung und den Kompetenzen der Mitarbeiter.

Kompetenz

Nur mit Handlungskompetenz kann der Mitarbeiter selbstverantwortlich Probleme lösen, bestimmte Leistungen erbringen und mit anderen Menschen angemessen umgehen.

2.2 Lernen

> **DEFINITION LERNEN**
>
> Unter Lernen versteht man das (absichtliche oder beiläufige) Aneignen von Wissen, geistigen, körperlichen und sozialen Kenntnissen, Fähigkeiten und Fertigkeiten.
> Lernen ist primär eine **aktive, dauerhafte Verhaltensänderung.**

Aus lernpsychologischer Sicht wird Lernen als ein Prozess der Veränderung des Verhaltens, Denkens oder Fühlens aufgrund von Erfahrung, neu gewonnener Einsicht oder Verständnis aufgefasst.

Alle Fähigkeiten, Kenntnisse, Verhaltensweisen und Einstellungen werden gelernt. Lernen ist daher eine Grundform und Grundvoraussetzung menschlichen Verhaltens, um sich den Gegebenheiten des Lebens und der Umwelt anpassen zu können, und um darin sinnvoll zu agieren.

Lernen beinhaltet insbesondere die Fähigkeit zum Lerntransfer, also der Übertragung des Gelernten auf neue Situationen, mit der Folge der Ausweitung des individuellen Handlungsvermögens.

Wichtig: Lebenslanges Lernen (lifelong learning)

Lebenslanges Lernen (auch **lebensbegleitendes Lernen** genannt) ist wichtig als Voraussetzung für die sich immer schneller wandelnden Anforderungen und Herausforderungen sowie aufgrund des raschen Wandels der Technik.

Hinweis:

Lebenslanges Lernen ist ein Konzept, Menschen zu befähigen, eigenständig über ihre Lebensspanne hinweg zu lernen, denn Wissen und Fähigkeiten der Berufsausbildung genügen heute in den meisten Fällen nicht mehr, um eine jahrzehntelange Berufslaufbahn sinnvoll zu durchlaufen.

 Wodurch werden Lernbereitschaft und Lernfähigkeit positiv beeinflusst?

- Bewusstmachen des **Sinns**, des **Ziels** und des **Nutzens** des zu lernenden Stoffs
- Interessante, praxisorientierte und verständlich aufbereitete **Lerninhalte**
- Teilnehmerorientierte, sinnvolle und abwechslungsreiche **Lernmethoden**
- Methodisch und fachlich **kompetente Dozenten**
- **Ziel- und teilnehmerorientiertes** Training
- Einbeziehung möglichst **vieler Sinne/Lernkanäle** in den Lernprozess

- Vortrag
- Rollenspiel
- Projektmethode
- Fallmethode
- Planspiel
- Lehrgespräch
- Vier-Stufen-Methode

- Unterweisung/programmierte Unterweisung
- Computerunterstütztes Lernen, E-Learning
- Demonstration
- Leittextmethode
- Moderationsmethode etc.

Handlungsorientierte Methoden	Methoden, die **auf das Verhalten der Mitarbeiter abzielen**, mit dem Ziel der Veränderung von Handlungen, Einstellungen und Verhaltensweisen.
Teilnehmeraktive Methoden	Methoden, die den Lernenden **während des Lernens selbst aktiv** werden lassen. Der Teilnehmer muss aktiv etwas tun, z.B. einen Vortrag halten.

2.2.1 Lernfähigkeit und Lernbereitschaft

DEFINITION LERNFÄHIGKEIT

Lernfähigkeit ist die Fähigkeit einer Person, Neues aufzunehmen, abzuspeichern und in ihr Verhalten zu übernehmen,

d.h., **das Lernen beherrschen (= Können).**

DEFINITION LERNBEREITSCHAFT

Lernbereitschaft ist der Wille, etwas Neues anzugehen und sich Neuem zu widmen,

d.h., **das Lernen wollen.**

Die Lernbereitschaft wird insbesondere positiv durch den Erfolg beeinflusst.

„Nichts ist erfolgreicher als der Erfolg", denn Erfolg gibt Selbstvertrauen und inneren Ansporn zu neuen Höchstleistungen.

? **Wie kann die Führungskraft/der Personalmitarbeiter die Lernbereitschaft und die Lernfähigkeit positiv beeinflussen?**

- Bewusstmachen des **Sinns**, des **Ziels** und des **Nutzens** des zu lernenden Stoffs
- Interessante, praxisorientierte und verständlich aufbereitete **Lerninhalte**
- Teilnehmerorientierte, sinnvolle und abwechslungsreiche **Lernmethoden**
- Methodisch und fachlich **kompetente Dozenten**
- **Ziel- und teilnehmerorientiertes** Training
- Einbeziehung möglichst **vieler Sinne/Lernkanäle** in den Lernprozess

2.2.2 Formales und informelles Lernen

? **Was versteht man unter formalem und informellem Lernen?**

Formales Lernen	**Von außen vorgegebenes bewusstes und organisiertes Lernen** ■ Es ist aus der Sicht des Lernenden zielgerichtet ■ Es findet üblicherweise in einer Bildungs- oder Ausbildungseinrichtung statt, ist strukturiert und führt in der Regel zu einer Zertifizierung	z.B. Unterweisung, Unterricht, Seminar
Informelles Lernen	**Lernen ohne äußere Vorgaben** ■ Lernen, das nicht direkt mit einem Lernziel verbunden ist ■ Lernen, das im Alltag, am Arbeitsplatz, im Familienkreis oder in der Freizeit stattfindet (= Lernen in Lebenszusammenhängen) ■ Es ist in Bezug auf Lernziele, Lernzeit und Lernförderung nicht strukturiert und führt in der Regel nicht zu einer Zertifizierung	z.B. Lernen aufgrund praktischer Erfahrungen, Lernen durch Nachahmung, Lernen durch Wahrnehmung, Lernen aus Büchern und aus dem Fernsehen

Welche verschiedenen Arten des Lernens (= Lerntechniken) werden unterschieden? **?**

Folgende typische Lernarten werden unterschieden:

Lernen durch Nachahmung/ Lernen durch Vorbilder	1. **Lernen durch das Beobachten und das Nachmachen beobachteter Handlungen:** Der Lehrende plant den Lernprozess und zeigt dem Lernenden die einzelnen Lernschritte. Diese macht der Lernende dann nach. 2. **Lernen durch Vorbilder:** → Der Lernende eifert seinem Vorbild **bewusst** nach (als Vorbild dient z.B. die Führungskraft) oder → der Lernende ahmt **unbewusst** Vorbilder in ihrem Kleidungsstil, ihren Meinungen, ihrem Arbeitsverhalten nach.
Lernen durch Einsicht	**Lernen durch Anknüpfen an gespeicherte Erkenntnisse und Erfahrungen (→ Aha-Effekt):** Der Lernende kann den Lerngegenstand an Vorwissen und Vorerfahrungen anknüpfen, sodass dies zu einer neuen Erkenntnis von Ursachen und Zusammenhängen bei ihm führt. → Auf der Basis des Vorwissens wird ständig aufgebaut und Neues mit bereits Gespeichertem abgeglichen. → Der Lernenden kann einen Sachverhalt verstehen und nachvollziehen. **Hinweis:** Das Lernen durch Einsicht ist die höchste und anspruchsvollste Art des Lernens. Auf diese Weise werden Fähigkeiten und Methoden trainiert, die dem Lernenden in Zukunft dabei helfen, Probleme zu lösen. Lernen durch Einsicht ist folglich Grundvoraussetzung, um komplexere Probleme zu lösen.
Lernen durch Übung	Durch **stetige Wiederholung** festigen sich Abläufe, sodass diese jederzeit und automatisch in einer entsprechenden Situation abrufbar sind. → Führt zu **Automatisierung**
Reiz-Reaktions-Lernen/ Klassische Konditionierung	Beim Reiz-Reaktions-Lernen (= Klassische Konditionierung) soll ein **Reiz eine bestimmte Reaktion auslösen.** Beispiel: Ein akustisches Signal wie eine laute Sirene löst die Reaktion „Verlassen des Gebäudes" aus.

Operante Konditionierung/ Lernen durch Verstärkung	Beim operanten Konditionieren **lernen Menschen** (und Tiere) **bestimmte Verhaltensweisen, weil sie von ihrer Umwelt dafür Verstärkung erhalten.**
	→ Lernen durch Verstärkung
	→ Lernen und Verlernen von Verhaltensweisen durch Belohnung wie Anerkennung, Wertschätzung, Lob, Prämie etc
	→ **„Zuckerbrot und Peitsche"**
	Idee:
	Ein angenehmer Reiz, wie z.B. eine Belohnung, ist ein positiver Verstärker, d.h., er verstärkt eine erwünschte Verhaltensweise, sodass der Lernende dieses positive Verhalten zukünftig häufiger zeigen wird.
	Beispiel:
	Ein ehrlich gemeintes Lob motiviert Mitarbeiter, sich weiter anzustrengen und weiterhin gute Leistungen zu erbringen.
Lernen durch Versuch - Irrtum und Erfolg	**Lernen durch Ausprobieren von verschiedenen Lösungsmöglichkeiten:**
	Der Lernende soll sich aktiv mit dem Lerngegenstand auseinandersetzen und die Aufgabe selbständig durch Ausprobieren erfüllen.

2.2.3 Learning on the job, near the job, off the job

? Was versteht man unter learning on the job, learning near the job und learning off the job? Nennen Sie jeweils Vorteile und Maßnahmen.

Learning on the job	Learning near the job	Learning off the job
= **Lernen direkt am Arbeitsplatz**	= **Lernen nahe am Arbeitsplatz**	= **Lernen losgelöst vom Arbeitsplatz**
Realsituation und Lernsituation fallen zusammen	Kein direkter örtlicher Zusammenhang mit der Arbeit, aber eine direkte Beziehung zur Aufgabe/ Tätigkeit/ Problemstellung	Maßnahmen außerhalb des Arbeitsplatzes und zumeist außerhalb des Unternehmens
	Hinweis:	**Hinweis:**
	Enge räumliche, zeitliche und inhaltliche Nähe zum Arbeitsplatz	Räumliche und zeitliche Distanz zum Arbeitsplatz

Learning on the job	Learning near the job	Learning off the job
Vorteile:		
■ Verknüpfung von Theorie und Praxis, praxisbezogen ■ Mitarbeiter kann das Gelernte sofort in der Arbeitssituation umsetzen ■ Hoher Lerntransfer ■ Zeit- und Kostenersparnis ■ Kaum Ausfallzeiten ■ Der Mitarbeiter lernt in seiner gewohnten Umgebung	Es bestehen die gleichen Vorteile wie bei „on the job", da der Lernort eine Beziehung zum Arbeitsplatz hat: ■ Verknüpfung von Theorie und Praxis, praxisbezogen ■ Mitarbeiter kann das Gelernte sofort umsetzen ■ Hoher Lerntransfer ■ Zeit- und Kostenersparnis ■ Kaum Ausfallzeiten	■ Räumlicher, zeitlicher und innerer Abstand zur Arbeitstätigkeit ■ Kontakt und Informationsaustausch zu betriebsfremden Kollegen, externe Netzwerkbildung möglich ■ Klarer zeitlicher Rahmen ■ „Incentive-Effekt" ■ Der Mitarbeiter kann ohne Störungen durch das Tagesgeschäft lernen
Maßnahmen:		
■ Erfahrungslernen und Erfahrungsvermittlung durch Vorgesetzte/ Kollegen ■ Selbststudium/ E-Learning am Arbeitsplatz ■ Jobrotation ■ Jobenlargement ■ Jobenrichment ■ Coaching direkt am Arbeitsplatz ■ Assistenz, Stellvertretung ■ Übernahme von Sonderaufgaben ■ Teilnahme an Projektgruppen, Projektarbeit ■ Auslandseinsatz ■ Gruppenarbeit	■ Projektarbeit, wenn die Teilnehmer des Projektteams für die Zeit der Projektarbeit von der eigentlichen Tätigkeit freigestellt werden ■ Qualitätszirkel ■ Multiplikatorenkonzepte ■ Konferenzen ■ Lernstatt/Lerninsel ■ E-Learning ■ Mentoring ■ Coaching im Unternehmen ■ Internes Assessment Center	■ Externe Bildungsmaßnahmen in Form von Seminaren, Kursen oder Workshops ■ Fernunterricht ■ Förderkreise ■ Erfahrungsaustauschgruppen ■ Besuch von Kongressen und Fachausstellungen ■ Konferenzen ■ Externe Arbeitskreise ■ Tagungen ■ Externes Assessment Center ■ Outdoor-Training ■ Individuelles Lernen, z.B. über Fachliteratur, cbt, wbt ■ Externes Coaching

Hinweis:

Die Begriffe „learning on/off/near the job" und „training on/off/near the job" werden in der Literatur identisch verwendet.

	Erläuterung	Maßnahmen
Learning along the job	Alle Personalentwicklungsmaßnahmen, die **laufbahnbegleitend** durchgeführt werden, vom Einstieg bis zum Ausstieg des Mitarbeiters im Unternehmen. ■ laufbahnbezogene Entwicklung ■ berufsbegleitendes, lebenslanges (Arbeits-)Lernen	■ Beratungs- und Förderungsgespräche ■ Karriereplanung ■ Laufbahnplanung ■ Coaching und Mentorenkonzepte
Learning into the job	Alle Personalentwicklungsmaßnahmen, die der **Vorbereitung der zukünftigen Tätigkeit dienen und zum Arbeitsgebiet hinführen.** ■ Hinführen zu einer neuen Tätigkeit ■ Grundqualifizierung	■ Berufliche Erstausbildung ■ Einführungsprogramme für neue Mitarbeiter ■ Trainee-Programme ■ Praktika ■ Einarbeitung
Learning out of the job	Personalentwicklungsmaßnahmen zur **Vorbereitung auf den Ruhestand und auf das Outplacement** (= Trennungsmanagement).	■ Vorbereitung auf den Ruhestand ■ Gleitender Ruhestand ■ Outplacementberatung

? Was versteht man unter Jobenrichment, Jobenlargement und Jobrotation?

Jobenrichment	= **Arbeitsbereicherung**, Arbeits- und Aufgabenvertiefung = **vertikale Erweiterung**
	D.h., durch **vertikale Ausweitung der Arbeitsinhalte** soll der **Entscheidungs-, Verantwortungs- und Kontrollspielraum** des einzelnen Mitarbeiters **erhöht** werden.
	Mitarbeiter übernimmt Tätigkeiten, die ein selbständiges Planen erfordern, die Qualitätskontrolle oder den Bereich der Wartung beinhalten, die die Koordination zu Schnittstellen betreffen, die den Entscheidungsspielraum erweitern. ■ Hinzunahme von Kontroll-, Steuerungs- und Planungstätigkeiten ■ Vergrößerung der Selbständigkeit und der Verantwortung ■ Erhöhung der Anforderungen

Jobenrichment (Forts.)	Beispiel: Ein Mitarbeiter im Einkauf, der bisher nur für Bestellungen zuständig ist, ist zukünftig auch für die Auswahl von Lieferanten und für Reklamationen zuständig. **Ziele des Jobenrichments:** ■ Tätigkeit des Mitarbeiters wird interessanter und verantwortungsvoller → weniger Monotonie, Steigerung der Arbeitszufriedenheit ■ Stärkere Identifikation mit dem Produkt ■ Erreichen einer höheren fachlichen und persönlichen Qualifikation
Jobenlargement	= Arbeits- und Aufgabenerweiterung = horizontale Erweiterung D.h., das Arbeitsfeld vergrößert sich durch Hinzufügen qualitativ gleichwertiger Aufgaben und Tätigkeiten, sodass Aufgaben größeren Umfangs entstehen. Beispiel: Ein Mitarbeiter im Einkauf, der bisher nur für Bestellungen zuständig ist, ist zukünftig auch für das Einholen von Angeboten und für die Aktualisierung von Daten zuständig. **Ziele des Jobenlargements:** ■ Die starke Unterteilung eines Arbeitsprozesses soll aufgehoben werden → weniger einseitige physische Belastung ■ Den Mitarbeitern sollen möglichst abgeschlossene Aufgaben zugeteilt werden → weniger Monotonie, Steigerung der Arbeitszufriedenheit, evtl. mehr Abwechslung ■ Flexiblerer Einsatz des Mitarbeiters (aber: höhere Einarbeitungskosten und evtl. höhere Lohnkosten)
Jobrotation	= Arbeitsplatzringtausch/Arbeitsplatzwechsel D.h., mehrere ähnlich qualifizierte Mitarbeiter tauschen in vorgegebenen Zeitintervallen ihre Arbeitsplätze. Es handelt sich also um eine systematisch gesteuerte Übernahme unterschiedlicher Aufgaben bei vollgültiger Wahrnehmung und Verantwortung einer Stelle. **Ziele der Jobrotation:** ■ Steigerung der Mobilität und der Sozialkompetenz ■ Abbau eines engen Ressortdenkens ■ Verständnis von Zusammenhängen im Unternehmen wird gefördert ■ Verbesserung der Flexibilität und der Einsatzmöglichkeiten der Mitarbeiter ■ Lernen und Arbeiten gehen Hand in Hand ■ Weniger einseitige physische Belastung ■ Mehr Abwechslung, weniger Monotonie, Steigerung der Arbeitszufriedenheit

? Welche Vor- und Nachteile haben Jobenrichment, Jobenlargement und Jobrotation?

	Vorteile	Nachteile
Jobenrichment	■ Verminderung der Arbeitsmonotonie ■ Stärkere Identifikation mit dem Produkt ■ Erreichen einer höheren fachlichen und persönlichen Qualifikation (Entwicklung des Mitarbeiters) ■ Die Tätigkeit eines Mitarbeitenden wird interessanter und verantwortungsvoller → höhere Arbeitszufriedenheit ■ Senkung des Spezialisierungsgrades	■ Evtl. inhaltliche Überforderung mit der Folge der Unzufriedenheit ■ Notwendigkeit vermehrter Fortbildung ■ Begrenzte Möglichkeiten durch „Besitzstände"
Jobenlargement	■ Die starke Unterteilung eines Arbeitsprozesses soll aufgehoben werden (im Sinne einer Humanisierung der Arbeit) → weniger einseitige physische Belastung ■ Den Mitarbeitern sollen möglichst abgeschlossene Aufgaben zugeteilt werden → weniger Monotonie, Steigerung der Arbeitszufriedenheit, Erkennen von Sinnzusammenhängen der Arbeit, mehr Abwechslung ■ Flexiblerer Einsatz des Mitarbeiters ■ Anstieg der Arbeitsqualität, interessantere Aufgaben ■ Senkung des Spezialisierungsgrades	■ Notwendigkeit vermehrter Fortbildung ■ Anstieg der Arbeitsquantität → wird oft als Mehrarbeit ausgelegt ■ Anpassung an vermehrte Pflichten evtl. schwierig ■ Höhere Einarbeitungskosten ■ Evtl. höhere Lohnkosten ■ Es gibt keine Spezialisten mehr ■ Evtl. Akzeptanzprobleme beim Mitarbeiter

	Vorteile	Nachteile
Jobrotation	■ Steigerung der Mobilität und der Sozialkompetenz ■ Abbau eines engen Ressortdenkens ■ Verständnis von Zusammenhängen im Unternehmen wird gefördert ■ Verbesserung der Flexibilität und der Einsatzmöglichkeiten der Mitarbeiter ■ Lernen und Arbeiten gehen Hand in Hand ■ Abbau einseitiger Belastung ■ Mehr Abwechslung, weniger Monotonie, Steigerung der Arbeitszufriedenheit ■ Neue Herausforderungen, neue Ideen/Standpunkte ■ Abbau sozialer Isolierung, mehr Kooperations-/Delegationsbereitschaft ■ Höhere Anpassungsfähigkeit	■ Bringt Unruhe in die Abteilung ■ Erhöhter Einarbeitungs- und Einübungsaufwand → höhere Kosten ■ Integrationsprobleme ■ Erhöhter Planungsaufwand ■ Verzögerungen und Stockungen möglich ■ Mindestzahl von Rotationskandidaten

---

Was versteht man unter Qualitätszirkel, Lernstatt, Coaching und Mentoring? **?**

Qualitätszirkel	Qualitätszirkel sind Kleingruppen von max. 4-12 Mitarbeitern mit dem Ziel, unter Anleitung eines Moderators **Schwachstellen im eigenen Arbeitsgebiet** aufzudecken. Sie beruhen auf dem Grundgedanken, dass betriebliche Probleme besonders gut von den Mitarbeitern gelöst werden, die unmittelbar betroffen sind. **Kennzeichen:** ■ Kleingruppe aus freiwilligen Mitarbeitern aus einer (!) hierarchischen Ebene ■ Auf Dauer angelegte regelmäßige Treffen ■ Arbeitsplatzbezogene Themen, die nicht frei wählbar sind
Lernstatt	Lernstatt (= Lernen in der Werkstatt) ist eine **Einrichtung zum Austausch und zur Vertiefung betrieblicher Erfahrungen und Förderung des Wissensstands.** Eine Lernstattgruppe dient zur Schulung/Qualifizierung der Mitarbeiter und ist damit ein **Instrument der Personalentwicklung.**

Dabei wird der Mitarbeiter von seiner eigentlichen Arbeit freigestellt und eignet sich in einer solchen Lernstatt(-gruppe) durch den Austausch betrieblicher Erfahrungen weitere Kenntnisse und Fertigkeiten an.

Hinweis:

Der Begriff „Lernstatt" stammt aus den 70er Jahren und wurde ursprünglich entwickelt, um ausländische Arbeitnehmer besser in den Betrieb zu integrieren und Sprachprobleme zu reduzieren.

Coaching

Coaching ist eine Trainingsform, bei der sich eine Führungskraft, die ein Problem hat, an eine geeignete Person wendet, in der Absicht, eine Problemlösung zu finden.

Ausgangspunkt ist immer eine Problem- oder Fragestellung der betroffenen Führungskraft, die durch einen Gesprächsprozess zu einem selbstgefundenen oder selbstentwickelten Lösungsweg hinführt (= Hilfe zur Selbsthilfe).

Der Führungskraft wird beim Coaching ein externer oder interner Berater zur Seite gestellt, der sowohl eine fachliche als auch eine psychologische Betreuung für die spezielle Problemsituation anbieten kann.

Typische Themen oder Anlässe für ein Coaching im Betrieb:

- Sachverhalte und Probleme des Alltags, die der Coachee/Klient nicht aus eigener Kraft lösen kann oder über die er mit einer betriebsfremden Person sprechen möchte
- Probleme mit Mitarbeitern und Mitarbeiterverhalten wie Unterstützung der Führungskraft in ihrer Vorbildrolle, motivierender und konstruktiver Umgang mit Mitarbeitern, Führung einzelner Mitarbeiter, Führungsstil
- Begleitung in organisationalen Veränderungsprozessen
- Übergang vom Kollegen zur Führungskraft
- Hilfe bei Teamkonflikten und Teamentwicklung
- Selbstorganisation, Stressbearbeitung und Work-Life-Balance, wie Vereinbarung von Führungs- und operativen Arbeiten; Änderungen des Arbeitsstils zur Verhinderung von Burnout
- Rasches persönliches Fitmachen für neue Aufgaben und Herausforderungen
- Selbstreflexion, persönliche Entwicklung, Karriere- und Zukunftsgestaltung wie Karriereplanung, Weiterbildungsgestaltung

Mentoring

Tätigkeit einer erfahrenen Person/Führungskraft (Mentor), die ihr fachliches Wissen und ihr Erfahrungswissen an einen unerfahrenen Potenzialträger (Mentee oder Protegé) weitergibt und ihn dadurch fördert.

Der Mentor wird eingesetzt, um den Wissenstransfer zwischen Erfahrenen und weniger Erfahrenen zu ermöglichen. Er steht dem Potenzialträger als Vorbild, Ratgeber und Unterstützer bei dessen persönlicher und/oder beruflicher Entwicklung zur Seite. Die Bereiche für das Mentoring reichen von Ausbildung, Karriere, Freizeit bis hin zur Persönlichkeitsentwicklung.

Im Unterschied zum Coach ist der Mentor üblicherweise nicht eigens für diese Tätigkeit ausgebildet, sondern verfügt lediglich über einen Erfahrungs- und/oder Wissensvorsprung.

Welche typischen Lern- und Transferhemmnisse können in einem Seminar auftreten? **?**

- Teilnehmer hat keine Zeit, sich vorzubereiten oder die ihm übergebenen Unterlagen durchzuarbeiten
- Seminarbesuch wird als Urlaub, Sozialleistung oder als Bestrafung gesehen
- Keine geeigneten Unterlagen
- Teilnehmer ist über- oder unterfordert
- Zeitmangel, sodass auf Fragen der Teilnehmer nicht eingegangen werden kann
- Seminar ist nicht praxisbezogen
- Fehlender Lerntransfer oder keine praktisch verwertbaren Lösungen
- Im Unternehmen kann das Gelernte nicht eingesetzt werden
- Teilnehmer muss nach der Rückkehr vom Seminar liegengebliebene Arbeiten selbst erledigen
- Schlechter Zeitpunkt für das Seminar
- Erfahrungen der Teilnehmer werden nicht berücksichtigt
- Zu geringe Motivation der Teilnehmer
- Inhalte werden von den Teilnehmern nicht ernst genommen
- Zu hohe Erwartungshaltung der Teilnehmer an das Seminar

2.2.4 Möglichkeiten des E-Learning

Die technischen Innovationen der letzten Jahre haben das Lehren und Lernen stark verändert. E-Learning wurde dabei zum Inbegriff für modernes und zukunftsorientiertes Lehren und Lernen.

DEFINITION E-LEARNING

E-Learning (engl.) ist die Abkürzung für „electronic learning" = „elektronisches Lernen", oder besser ausgedrückt „elektronisch unterstütztes Lernen".

Beim E-Learning werden also die Lerninhalte mittels elektronischer oder digitaler Medien vermittelt bzw. unterstützt.

? **Welche Voraussetzungen müssen beim Mitarbeiter gegeben sein, um E-Learning sinnvoll einsetzen zu können?**

- Akzeptanz des E-Learning
- Motivation des Mitarbeiters
- Medienkenntnisse des Mitarbeiters
- Befähigung, selbstgesteuert und eigenverantwortlich mit der Lernumgebung zu lernen

? **Welche Vorteile bietet das E-Learning dem Mitarbeiter und dem Unternehmer?**

Vorteile des E-Learning für den Mitarbeiter	Vorteile des E-Learning für den Unternehmer
■ Zeit- und ortsunabhängiges Lernen ■ Flexibel, nach den eigenen Bedürfnissen zu organisieren (individuell) ■ Verwirklichung des eigenen Lernstils und des eigenen Lerntempos ■ Eigenverantwortliche Steuerung des Lernprozesses im Hinblick auf Ort, Zeit, Dauer; jederzeitige Wiederholungen sind möglich ■ Aktive und selbstbestimmte Rolle des Lernenden ■ Schnelle Vermittlung von Fachwissen	■ Kosteneinsparung durch: Reduzierung von Ausfallzeiten (weniger Abwesenheit vom Arbeitsplatz), keine Fahrtkosten ■ Der Lernende kann Leerzeiten am Arbeitsplatz nutzen ■ Mit wenig Zeitaufwand zu organisieren ■ Zeitersparnis, da z.B. kein Fahraufwand ■ Standardisierung der Bildungsmaßnahmen ■ Bessere Koordinierung, ■ Schnelle Verfügbarkeit ■ Schnelle Vermittlung von Fachwissen ■ Mitarbeiter können zeitnah und bedarfsgerecht qualifiziert werden → Prinzip von "anyone, anytime, anywhere"

? **Welche Nachteile bzw. Risiken hat das E-Learning?**

- Weitgehend auf kognitive Lerninhalte begrenzt
- Eignung nur für relativ abgegrenzte Lerninhalte und weniger komplexe Lernstoffe
- Anwendbar primär für die Vermittlung von Fachwissen
- Geht nur begrenzt auf individuelle Anforderungen ein

- In der Regel keine Interaktion, kein Austausch, keine Diskussionsmöglichkeit, kein direktes Nachfragen beim Trainer und keine Rückmeldung. Auch informelle Gespräche mit anderen Teilnehmern wie z.B. in den Kaffeepausen entfallen → fehlende "Social Effects"
- Vorgedachte Lernwege, fester Daten– und Wissensbestand
- Evtl. schlechte Qualität
- Technische Voraussetzungen und Medienkenntnisse müssen beim Lernenden gegeben sein
- Technikkosten
- Spezielle Entwicklung von E-Learning-Programmen, die perfekt auf das Unternehmen und seine Anforderungen abgestimmt sind, sind kostenintensiv
- E-Learning erfordert ein hohes Maß an Eigenmotivation, die nicht alle Lernenden von Anfang an mitbringen
- Die Lernenden benötigen eine gewisse Selbstlernkompetenz, um Lerninhalte auszuwählen und den Lernprozess zu organisieren. Dies haben nicht alle Lernenden.

Welche Formen des E-Learning gibt es?   **?**

Formen des E-Learning:

Web Based Training (WBT)	web-based (engl.) = webbasiert, www-basiert
	Lerninhalte werden **mittels eines Web-Browsers online** über Internet oder Intranet vermittelt.
	Die Einbettung ins Netz bietet vielfältige weiterführende Möglichkeiten der Kommunikation und Interaktion zwischen Lernenden und Trainer wie Chat, Diskussionsforen etc.
	■ Internet bzw. Intranet dient als Informations- und Verteilungsplattform.
	■ Der Lernende kann das Lernen selbständig sowie orts- und zeitunabhängig steuern, die Lerninhalte gezielt abrufen und das Lerntempo seinen Bedürfnissen anpassen.
	■ Eine Interaktion sowie eine Betreuung des Lernenden durch Teletutoren sowie die Kommunikation der Lernenden untereinander sind beim WBT möglich und gewünscht.
Computer Based Training (CBT)	computer-based (engl.) = computerunterstützt, computergestützt
	Als CBT werden **computerunterstützte multimediale Lernprogramme** bezeichnet.
	Die Lerninhalte sind auf einem **Datenträger**, meist über CD-ROM, verfügbar und sind damit internet**un**abhängig und inhaltlich abgeschlossen. Es handelt sich dabei zumeist um Übungs- und Trainingsprogramme, die dazu dienen, Kenntnisse einzuüben und zu festigen.
Business TV	Vermittlung von Lerninhalten mittels **unternehmenseigenem TV-Programm**

Virtual Classroom	Online-Schulung, wobei Teilnehmer und Trainer gleichzeitig der Schulung zugeschaltet sind. Mit dem Trainer und den anderen Teilnehmern kann via Headset kommuniziert werden.
Corporate University	corporate (engl.) = Unternehmens-, Firmen-, gemeinsam Eine von Großunternehmen gegründete **firmeneigene Lerninstitution**, die entweder **teilweise oder vollständig virtuell** ist.
Blended Learning	Verbindung von elektronischen Lernformen mit sozialen Aspekten des gemeinsamen Lernens (siehe nächste Frage)
Multimedia	Multimedia bezeichnet Inhalte und Werke, die aus mehreren, meist digitalen Medien bestehen, also das **Zusammenwirken von verschiedenen Medien**, wie Text, Fotografie, Bild, Grafik, Animation, Audio und Video.
Instructor-Led Tutorials/ Trainings (ILT)	Instructor-Led Tutorials (engl.) = Trainer-/Lehrer-geführte Schulungen, Klassenraumtrainingskurse Teilnahme an Schulungen **online in Echtzeit**; Lerneinheiten finden zu bestimmten Zeiten in bestimmten Onlineklassenzimmern statt.

   Was versteht man unter Blended Learning?

DEFINITION BLENDED LEARNING

blended (engl.) = gemixt, zusammengemischt

Unter Blended Learning versteht man eine Verbindung von elektronischen Lernformen mit sozialen Aspekten des gemeinsamen Lernens.

Das Konzept "Blended Learning" verbindet die Effektivität und Flexibilität von elektronischen Lernformen mit den sozialen Aspekten der Face-to-Face-Kommunikation.

Häufig wird eine Präsenzveranstaltung von E-Learning-Modulen eingerahmt, d.h., sie wird mit Hilfe von E-Learning vorbereitet und nachbereitet.

| **Präsenzschulung** | + | **E-Learning** |

Vorteile:

- Sozialkontakte der Teilnehmer untereinander
- Persönliches Kennen der Teilnehmer und der Trainer
- Dozent kann auf Verständnisschwierigkeiten und auf Anregungen unmittelbar reagieren
- Gegenseitige persönliche Unterstützung der Teilnehmer beim Lernen ist möglich

Nachteile:

- Zeit- und ortsabhängiges Lernen, d.h., gleichzeitige Anwesenheit an einem Ort ist erforderlich
- Nicht individuell, keine eigenverantwortliche Steuerung des Lernprozesses, keine Verwirklichung des eigenen Lernstils möglich

Vorteile:

- Zeit- und ortsunabhängiges individuelles Lernen, d.h., die Teilnehmer lernen, wann und wo sie wollen
- Verwirklichung des eigenen Lernstils, eigenverantwortliche Steuerung des Lernprozesses
- Einsatz unterschiedlicher Medien möglich, spricht unterschiedliche Lerntypen an

Nachteile:

- Keine Sozialkontakte der Teilnehmer untereinander
- Nonverbale Kommunikation fehlt, daher können inhaltliche Missdeutungen unbemerkt bleiben
- Hohe Selbstlernkompetenz nötig

2.2.5 Qualifizierungsprogramme

Qualifizierungsprogramme zeigen dem Mitarbeiter die Möglichkeiten der Weiterbildung für seine jetzige und für mögliche zukünftige Tätigkeiten im Unternehmen auf.

Beispiel:

Tätigkeiten im Unternehmen	Schulungsthemen jeweils aufgeteilt in Grundkenntnisse, Anwendungswissen und Expertenwissen				
	Führung	Kommunikation	Recht	ADA	Rhetorik
Abteilungsleiter	x	x	x	x	x
Stellvertretender Abteilungsleiter	x	x	x	x	x
Personalreferent	x	x	x		x
Personalsachbearbeiter		x	x		
Schreibkraft etc.		x			

2.3 Betriebliche Weiterbildung

 Was umfasst die Berufsbildung nach dem BBiG?

Nach § 1 BBiG umfasst die Berufsbildung und damit die berufliche Weiterbildung/ Qualifizierung folgende Bereiche:

1. **Berufsausbildungsvor-bereitung**	Die Berufsausbildungsvorbereitung dient dem Ziel, durch die **Vermittlung von Grundlagen für den Erwerb beruflicher Handlungsfähigkeit** an eine Berufsausbildung in einem anerkannten Ausbildungsberuf heranzuführen, **§ 1 Abs.2 BBiG.** **Hinweis:** Sie richtet sich an Personen, deren Entwicklungsstand eine erfolgreiche Ausbildung in einem anerkannten Ausbildungsberuf noch nicht erwarten lässt und bietet diesen umfassende Betreuung und Unterstützung.
2. **Berufsausbildung**	= **berufliche Erstausbildung** Die Berufsausbildung hat die für die Ausübung einer qualifizierten beruflichen Tätigkeit in einer sich wandelnden Arbeitswelt notwendigen beruflichen Fertigkeiten, Kenntnisse und Fähigkeiten (berufliche Handlungsfähigkeit) in einem geordneten Ausbildungsgang zu vermitteln. Sie hat ferner den Erwerb der erforderlichen Berufserfahrungen zu ermöglichen, **§ 1 Abs.3 BBiG.** ■ „Grundausbildung" für einen Beruf oder Lernabschluss ■ oft als duales System von Theorie und Praxis
3. **Berufliche Fortbildung**	Die berufliche Fortbildung soll es ermöglichen, die **berufliche Handlungsfähigkeit zu erhalten und (an die technische und wirtschaftliche Entwicklung) anzupassen oder zu erweitern und beruflich aufzusteigen,** § 1 Abs.4 BBiG. Bsp.: ■ Anpassungsqualifizierung ■ Aufstiegsqualifizierung ■ Reaktivierungs-/ Erhaltungsfortbildung ■ Erweiterungsfortbildung
4. **Berufliche Umschulung**	Die berufliche Umschulung soll **zu einer anderen beruflichen Tätigkeit befähigen,** § 1 Abs.5 BBiG.

Was umfasst die berufliche Fortbildung (→ Arten der betrieblichen Weiterbildung) nach dem BBiG? **?**

Die berufliche Fortbildung umfasst alle Bildungsmaßnahmen, die das Ziel verfolgen, berufliche Qualifikationen zu erhalten, zu erweitern und an die technische und wirtschaftliche Entwicklung anzupassen.

Arten der betrieblichen Weiterbildung

Anpassungs-qualifizierung	Aufstiegs-qualifizierung	Erhaltungs-qualifizierung	Erweiterungs-qualifizierung
Notwendige Anpassung zur Bewältigung veränderter Anforderungen des Arbeitsplatzes, d.h., Qualifizierung ist notwendig, um die bisherige Tätigkeit weiterhin ausführen zu können.	Zielt auf eine Übernahme höherer Funktionen bzw. Positionen der nächsthöheren Hierarchieebene (Aufstieg), d.h., Mitarbeiter bekommt notwendiges Wissen als Führungskraft vermittelt.	Dient der Erhaltung des für die Arbeitsaufgabe notwendigen Wissens und zum Ausgleich von Fertigkeitsverlusten, die durch fehlende Ausübung des Berufes entstanden sind.	Vermittlung von zusätzlichen Kenntnissen zur notwendigen Erweiterung der Fähigkeiten und Fertigkeiten.
Beispiel: EDV-Lehrgang bei Einführung neuer Software-Programme	Beispiele: Weiterbildung zum Personalfach-kaufmann, Industriemeister, Handelsfachwirt, Betriebswirt, Bilanzbuchhalter	Beispiele: Auffrischen von Fremdsprachen-kenntnissen, Wiedereinstieg nach Elternzeit	Beispiele: Zusätzliche Fremdsprachen-kenntnisse oder Kenntnisse von Computerprogrammen, die noch nicht im Beruf benötigt werden

Welche Bedeutung hat die berufliche Fort- und Weiterbildung?

Bedeutung der beruflichen Fort- und Weiterbildung:

- Erhaltung, Anpassung oder Erweiterung der beruflichen Handlungsfähigkeit
- Eröffnung des beruflichen Aufstiegs
- Erhaltung und Sicherung des Arbeitsplatzes

- **Schnelle Anpassungsfähigkeit** an technischen und wirtschaftlichen Wandel
- **Zukünftige Herausforderungen meistern**
  wie fortschreitende technische Entwicklung, hohes Innovationstempo, fortschreitende Informations– und Kommunikationstechnologien, ansteigende Informationsmenge und Wissenspotenzial
- Verbesserung der Leistungsfähigkeit

> **?** Welche Auswirkungen hat die kontinuierliche Weiterbildung für den Mitarbeiter, für den Vorgesetzten und für das Unternehmen?

Auswirkungen der kontinuierliche Weiterbildung ...		
für den Mitarbeiter	**für den Vorgesetzten**	**für das Unternehmen**
Der Mitarbeiter ermöglicht sich durch die kontinuierliche Weiterbildung ... - Chancen im Unternehmen und auf dem Arbeitsmarkt - Sicherheiten in Bezug auf die Aufgabenstellungen - Weiterentwicklung im fachlichen und sozialen Bereich	- Für den Vorgesetzten bedeutet die Planung der Weiterbildungsmaßnahmen einen nicht unerheblichen Aufwand - Er erreicht aber durch gut ausgebildete Mitarbeiter eine Mobilität und Flexibilität seiner Mitarbeiter	- Die Weiterbildung ist aus betrieblicher Sicht ein Teil der Personalentwicklung und der Unternehmensentwicklung - Erhaltung und Verbesserung der Wettbewerbsfähigkeit des Unternehmens - Sicherung des notwendigen Bestands an Fach- und Führungskräften - Erhöhung der fachlichen, methodischen und sozialen Qualifikationen der Mitarbeiter

> **?** Welche Themen sind für die berufliche Fort- und Weiterbildung von Personalfachkaufleuten bzw. Führungskräften in der Personalabteilung besonders geeignet?

Typische Themen der beruflichen Fort- und Weiterbildung für Personalfachkaufleute bzw. Führungskräfte in der Personalabteilung:

- Zeitmanagement und Arbeitstechniken
- Kommunikation/Gesprächsführung/Rhetorik/Mitarbeitergespräche führen
- Moderation

- Mediation, Konfliktlösung
- Arbeitsrechtliche und sozialversicherungsrechtliche Grundlagen
- Personalmarketing
- Präsentation
- Projektmanagement
- Selbstmanagement, Work-Life-Balance und Persönlichkeit
- Führen im Team, Führungskompetenz
- Change Management
- Betriebswirtschaft
- Stressbewältigung
- Management der Entgeltabrechnung

2.3.1 Fachlicher und persönlicher Weiterbildungsbedarf

Fachlicher Weiterbildungsbedarf	= **fachlicher betriebsbezogener Bedarf** ■ Ohne die fachliche Qualifikation kann der Mitarbeiter seine ihm zugeordnete Arbeit nicht zur vollen Zufriedenheit des Arbeitgebers erledigen. ■ Die Berücksichtigung des fachlichen Weiterbildungsbedarfs führt daher ... → zur Anpassung der Qualifikation des Mitarbeiters an die Anforderungen des Arbeitsplatzes und → zur besseren Arbeitsqualität durch fachliches Können.
Persönlicher Weiterbildungsbedarf	= **auf die Persönlichkeitsentwicklung des Mitarbeiters bezogener Bedarf** ■ Die Personalentwicklung hat auch darauf zu achten, dem persönlichen Weiterbildungsbedarf des Mitarbeiters gerecht zu werden. Dazu gehört insbesondere, die **Weiterbildung an die individuellen Erwartungen, Ziele und Karrierewünsche des Mitarbeiters** (wenn möglich) **anzupassen**. ■ Die Berücksichtigung des persönlichen Weiterbildungsbedarfs führt zu zufriedenen und motivierten Mitarbeitern, die sich am Arbeitsplatz selbst verwirklichen können.

2.3.2 Qualifikationsanalysen

Qualifikationsanalysen sollen den **Weiterbildungsbedarf des Mitarbeiters** feststellen.

? **In welchen Schritten geht die Führungskraft typischerweise bei der Planung und Durchführung von Bildungsmaßnahmen vor?**

Bei der Ermittlung des Qualifikationsstandes und des Weiterbildungsbedarfs zur Planung und Durchführung der Weiterbildungsmaßnahmen geht die Führungskraft in folgenden Schritten vor:

Schritte	Beschreibung	Instrumente
1. Schritt: **Soll-Analyse**	**Ermittlung der Anforderungen an die Stelle** Analyse der **aktuellen und zukünftigen Arbeitsanforderungen** für die (geplante) Stelle. **Hinweis:** Es gibt Muss-Anforderungen und Soll-Anforderungen.	■ Anforderungsprofil ■ Stellenbeschreibung ■ Aufgabenanalyse ■ Anforderungsanalyse ■ Stellendaten
2. Schritt: **Ist-Analyse**	**Ermittlung der Mitarbeiterqualifikation** Analyse der ■ aktuellen Qualifikationen und ■ der Potenziale des Mitarbeiters	■ Frühere Beurteilungen ■ Vorgesetztenbefragung ■ Tests, Arbeitsproben ■ Assessment Center ■ Workshops ■ Potenzialanalysen ■ Personalakte ■ Personalentwicklungsgespräche
3. Schritt: **Ermittlung der Interessen des Mitarbeiters**	**Ermittlung der Entwicklungswünsche und Interessen des Mitarbeiters** Bei der Ist-Analyse sollen auch die Entwicklungswünsche und Interessen des Mitarbeiters ermittelt werden.	Mitarbeiterbefragung der Wünsche ■ durch freie Abfrage im Gespräch oder ■ durch einen strukturierten Fragebogen
4. Schritt: **Soll-Ist-Vergleich**	**Feststellung des Weiterbildungsbedarfs und der Fördermaßnahmen** Der Soll-Ist-Vergleich (= Vergleich des Anforderungsprofils mit dem Eignungsprofils) ... → ermöglicht eine genaue Bewertung der einzelnen Anforderungen,	■ Abweichanalyse ■ Profilvergleichsanalyse

Schritte	Beschreibung	Instrumente
	→ führt zur Formulierung des Weiterbildungsbedarfs in quantitativer und qualitativer Sicht sowie → zur Ableitung spezifischer Personalentwicklungsziele.	
5. Schritt: **Planung des Weiterbildungsinhalts**	**Planung des Weiterbildungsinhalts** Durch die vorhergehende Bedarfserhebung können nun die Bildungsmaßnahmen maßgeschneidert werden. Bei der Planung sind insbesondere die Zeit und die Kosten zu berücksichtigen.	■ W-Fragen
6. Schritt: **Präsentation dieser Ergebnisse vor den Vorgesetzten**	**Präsentation dieser Ergebnisse vor den Vorgesetzten** Ohne das O.K. des Vorgesetzten/der Unternehmensleitung können Weiterbildungsmaßnahmen nicht realisiert werden.	■ Präsentation ■ Vortrag
7. Schritt: **Realisierung/Durchführung des Weiterbildungskonzeptes**	**Realisierung/Durchführung des Weiterbildungskonzeptes** Bei Weiterbildungsmaßnahmen ist es wichtig sich zu entscheiden, 1. ob die Bildungsmaßnahme intern oder extern durchgeführt werden soll und 2. ob ein externer oder interner Trainer die Maßnahme durchführen soll.	■ Externe oder interne Durchführung der Qualifizierungsmaßnahmen? ■ Externer oder interner Trainer?
8. Schritt: **Kontrolle und Transfer der Weiterbildungsmaßnahme**	Nur durch Kontrollen kann überprüft werden, ob die Weiterbildungsmaßnahme erfolgreich war. ■ Überprüfen der Qualität und der Ergebnisse. ■ Bildungsmaßnahmen sind erst dann erfolgreich abgeschlossen, wenn die Mitarbeiter das Gelernte am Arbeitsplatz dauerhaft zur Bewältigung ihrer Aufgaben anwenden. ■ Die Erfolgskontrolle misst und bewertet die Effektivität und Effizienz erfolgter Personalentwicklungsmaßnahmen.	Überprüfung der Weiterbildungsmaßnahme anhand konkreter Ziele/Kennzahlen mittels ■ Ergebnisplan ■ Befragung ■ Feedback ■ Test etc.

2.3.3 Weiterbildungsmaßnahmen und Abschlüsse

Folgende Fragen ermöglichen es, Weiterbildungsmaßnahmen zu planen und zu organisieren:

Was? **Welche Inhalte sollen vermittelt werden?**	■ Feststellung des Bildungs-/Qualifizierungsbedarfs („In welchen Bereichen besteht Qualifizierungsbedarf?") ■ Definition der **Lernziele/ des Lernzwecks** und der **Lerninhalte**, Auswahl und Strukturierung des Stoffplans ■ **Hinweis:** Folgende **Lernziele** werden unterschieden: → kognitive Lernziele = Fachwissen → affektive Lernziele = Verhalten → psychomotorische Lernziele = praktische Fähigkeiten und Fertigkeiten
Wie soll die PE-Maßnahme gestaltet sein?	■ Wahl der **Instrumente und Methoden** ■ Wahl der Hilfsmittel und **Medien**, die den Lernprozess unterstützen ■ Wahl der Transfersicherungsmöglichkeit ■ Teilnehmeranzahl?
Wann und wie lange soll die PE-Maßnahme durchgeführt werden?	■ Welche Voraussetzungen müssen bis zum Beginn der Maßnahme erfüllt sein? ■ Wahl des geeigneten **Zeitpunktes** und der **Dauer** (des Zeitrahmens) der Maßnahme
Wo soll die Maßnahme durchgeführt werden?	■ **Intern/extern?** ■ Am Arbeitsplatz? ■ **Räumlichkeiten?**
Wer soll teilnehmen?	■ Definition der **Zielgruppe/Teilnehmergruppe**
Wer soll die Maßnahme durchführen?	■ Auswahl des **Trainers,** d.h. Personalentwickler im Haus oder fremder Trainer?
Wozu soll die Maßnahme durchgeführt werden?	■ Welcher Abschluss/welches Ziel soll erreicht werden? ■ Kosten-Nutzen-Verhältnis? ■ **Ergebnisplan/Transfersicherung**

Welche direkten und indirekten Kosten fallen bei einer Weiterbildungsmaßnahme an? **?**

Hier stellt sich die Frage, was eine Weiterbildung kostet?

Bei den Kosten der betrieblichen Weiterbildung unterscheidet man zwischen direkten und indirekten Kosten.

Direkte Kosten der Weiterbildung	Indirekte Kosten der Weiterbildung
Kosten, die für die Weiterbildung an sich anfallen.	Kosten, die ■ dem Arbeitgeber durch die Lohnfortzahlung für in Weiterbildung befindliche Mitarbeiter und ■ dem Arbeitnehmer durch Einkommens- und Freizeitverluste entstehen. → **Opportunitätskosten**
■ Anmeldekosten und Teilnehmergebühren für externe Veranstaltungen ■ Prüfungsgebühren ■ Lern- oder Arbeitsmittel ■ Fahrtkosten ■ Ausgaben für auswärtige Unterkunft ■ Mehraufwand für auswärtige Mahlzeiten ■ Reisekosten ■ Honorare und Spesen für externe Trainer/ Referenten bzw. anteilige Gehälter interner Referenten ■ Kosten für Raummiete, Medien- und Kommunikationskosten ■ Lehrmittel (Arbeitsunterlagen, technische Hilfsmittel)	■ Lohnfortzahlung für Weiterbildungsteilnehmer durch den Arbeitgeber, sowie ■ Wegfall der Arbeitskraft während der Weiterbildung ■ Ausfallkosten der Teilnehmer durch Einkommens- und Freizeitverzicht wie → Verzicht auf Nebentätigkeiten und bezahlte Überstunden, → Reduzierung der Arbeitszeit, → Vor- und Nachbereitung des Unterrichts, → Fahrtzeiten. ■ Fixkosten der Personalentwicklungsabteilung

Welche Vorteile bietet es, eine Bildungsmaßnahme intern bzw. extern durchzuführen?

Vorteile interner Durchführung	Vorteile externer Durchführung
■ Räumliche Nähe zur Arbeit ■ Neu erworbenes Wissen kann - bei Bedarf - direkt am Arbeitsplatz umgesetzt werden ■ Zeit- und Kostenersparnis ■ Betriebsgeheimnisse bleiben im Unternehmen ■ Verbesserung des Kontakts zwischen den Mitarbeitern des Unternehmens ■ Flexibilität	■ Räumlicher, zeitlicher und innerer Abstand zur Arbeitstätigkeit ■ Kontakt und Informationsaustausch zu betriebsfremden Kollegen ■ Ideenvielfalt und höhere Kreativität durch Zusammentreffen mit Teilnehmern aus anderen Unternehmen ■ Größere Unbefangenheit der Teilnehmer, da der Teilnehmerkreis unbekannt ist ■ Klarer zeitlicher Rahmen für die Maßnahme ■ Externe Bildungsträger verfügen oftmals über bessere Seminarräumlichkeiten, Medien, Ausrüstung und Tools

 Welche Vorteile und Nachteile bieten interne bzw. externe Trainer?

Interner Trainer	Externer Trainer
Vorteile:	**Vorteile:**
■ Der interne Trainer kennt die Mitarbeiter, Prozesse und das Unternehmen - es kann daher schneller zur Sache gekommen werden → Insiderwissen hinsichtlich betrieblicher Gegebenheiten und Abläufe ■ Betriebsspezifische Besonderheiten sind bekannt, Themen werden unternehmensspezifisch bearbeitet ■ Kostengünstiger ■ Anerkannte Kompetenz, die auch nach der Maßnahme als Ansprechpartner zur Verfügung steht	■ Keine Betriebsblindheit, anderer Blickwinkel ■ Neue Ideen und neue Wege ■ Keine Scheu, denn er geht wieder ■ Er hat keine Seilschaften im Unternehmen ■ Anonymer für die Mitarbeiter ■ Hohe pädagogische und methodische Kenntnisse ■ Sachliche und emotionale Neutralität

Interner Trainer	Externer Trainer
Nachteile:	**Nachteile:**
■ Eventuell eingeschränkter Blickwinkel	■ Höhere Kosten
■ Keine neuen Ideen von außen	■ Kennt keine Betriebsabläufe, betriebliche Strukturen und Mitarbeiter
■ Wird unter Umständen nicht anerkannt ("Prophet im eigenen Land")	■ Hat kein Insiderwissen
■ Eventuell fehlende methodische, pädagogische und medientechnische Kenntnisse des internen Trainers	■ Zeitaufwändiges "Briefing" notwendig
	■ Braucht mehr Zeit für den Vertrauensaufbau mit den Teilnehmern

Welche Aspekte sind bei der Auswahl eines externen Trainers zur Durchführung der Schulung zu beachten?

Folgende Faktoren sind für die Auswahl eines externen Trainers von Bedeutung:

■ Know-how des Trainers; Erfahrung des Trainers auf dem gewünschten Schulungsgebiet

■ Referenzen des Trainers und bisherige Erfahrungen anderer Unternehmen mit dem Trainer

■ Individuelles Seminarangebot und individueller Seminarinhalt - abgestimmt auf den speziellen Bedarf des Unternehmens

■ Trainer sollte zur Unternehmenskultur passen

■ Liegt ein klares Seminarziel mit überprüfbaren Teillernzielen vor?

■ Kosten des Seminars, Preis-Leistungs-Verhältnis

■ Passt die Preisvorstellung des Trainers in das vorhandene Budget?

■ Methodik und Didaktik (Lehr– und Lernmethoden, Medien, Methodenvielfalt)

■ Angebotene Termine, Dauer der Veranstaltung, Gruppengröße

■ Bietet der Trainer Lernerfolgskontrollen, wie Prüfungen, Tests

■ Wie ist die Zielerreichungsquote des Trainers?

■ Rechtsform des Trainers, Bonität

2.3.4 Externe Bildungsdienstleistungen

Es gibt zahlreiche externe Bildungsdienstleister auf dem Bildungsmarkt. Die entsprechenden Angebote sind allerdings schwer miteinander vergleichbar.

 Welche Aspekte sind bei der Auswahl eines Bildungsinstituts zu beachten?

Folgende Faktoren sind für die Auswahl einer Bildungseinrichtung von Bedeutung:

- Referenzen des Bildungsträgers und bisherige Erfahrungen anderer Unternehmen mit dem Bildungsdienstleister
- Erfahrung des Bildungsdienstleisters auf dem gewünschten Schulungsgebiet
- Individuelles Seminarangebot und individueller Seminarinhalt - abgestimmt auf den speziellen Bedarf des Unternehmens
- Klares Seminarziel mit überprüfbaren Teillernzielen
- Zielerreichungsquote des Bildungsträgers
- Rechtsform des Bildungsträgers, Bonität
- Kosten des Seminars, Preis-Leistungs-Verhältnis
- Methodik und Didaktik (Lehr– und Lernmethoden, Medien, Methodenvielfalt)
- Know-how des ausführenden Seminarleiters/Dozenten/Trainers
- Tagungsort, Räume, Service, Anfahrt, mögliche Unterbringung
- Angebotene Termine, Dauer der Veranstaltung, Gruppengröße
- Methoden der Lernerfolgskontrolle/Abschlussmöglichkeit (wie Prüfung, Test)

2.3.5 Modelle lebensbegleitenden Lernens

 Was bedeutet lebensbegleitendes Lernen (lifelong learning?

Lebensbegleitendes Lernen (auch **lebenslanges Lernen** genannt) ist ein **Konzept, Menschen zu befähigen, eigenständig über ihre Lebensspanne hinweg zu lernen**, denn Wissen und Fähigkeiten der Berufsausbildung genügen heute in den meisten Fällen nicht mehr, um eine jahrzehntelange Berufslaufbahn sinnvoll zu durchlaufen.

DEFINITION LEBENSLANGES LERNEN

Lebenslanges Lernen ist ein Konzept, das Menschen befähigen soll, während ihrer gesamten Lebensspanne zu lernen.

„Lebenslanges Lernen umfasst alles formale, nichtformale und informelle Lernen an verschiedenen Lernorten von der frühen Kindheit bis einschließlich der Phase des Ruhestands. Dabei wird "Lernen" verstanden als konstruktives Verarbeiten von Informationen und Erfahrungen zu Kenntnissen, Einsichten und Kompetenzen."

Quelle: Bund-Länder-Kommission: Strategie für Lebenslanges Lernen in der Bundesrepublik Deutschland, Berlin 2004

„**Für den Einzelnen ist ständige Weiterbildung** zur Entwicklung und Förderung beruflicher Qualifikationen und Kompetenzen, gesellschaftlichen Wissens, sozialer und kultureller Teilhabe, von Orientierungsvermögen, selbständigem Handeln und Eigenverantwortung **unverzichtbar geworden**".

Quelle: http://www.bmbf.de/pub/aktionsprogramm_lebensbegleitendes_lernen_fuer_alle.pdf

Hintergrund:

Lebenslanges Lernen ist notwendig als **Voraussetzung für die sich immer schneller wandelnden Anforderungen und Herausforderungen sowie aufgrund des raschen Wandels der Technik.**

- Unsere Gesellschaft befindet sich in einem permanenten Wandel insbesondere aufgrund des technologischen Fortschritts, des demografischen Wandels, der Globalisierung und der Internationalisierung.

- Jeder Wandel bedeutet Veränderung und jede Veränderung bedeutet eine Modifikation von Anforderungen sowie von Denk- und Handlungsmustern im Beruf und im Alltag des Einzelnen.

- Anpassungsfähigkeit, der Wille zur Weiterentwicklung und die Fähigkeit, sich Neues anzueignen, werden deshalb immer wichtiger.

Was ist die Aufgabe des Unternehmens beim lebenslangen Lernen?

- Bildungsprogramme sind von den Unternehmen zu erstellen und für alle Mitarbeiter zugänglich zu machen.
- Alle Mitarbeiter müssen zum lebensbegleitenden Lernen hingeführt werden.

Aber:

Bildung/Wissensaneignung obliegt auch der Eigenverantwortung der Mitarbeiter, daher müssen Mitarbeiter Lernkompetenz erlangen,

d.h. die Fähigkeit zur Selbststeuerung von verantwortungsvollem und reflektiertem Handeln beim Umsetzen des Gelernten.

Beteiligungsrechte des Betriebsrats bei der betrieblichen Weiterbildung

Grundsätzlich ist es für den Betrieb eine **freie unternehmerische Entscheidung, ob** er Bildungsmaßnahmen durchführt oder nicht. Dies kann weder vom Betriebsrat noch von den Arbeitnehmern erzwungen werden.

Allerdings, wenn sich das Unternehmen entschließt, Bildungsmaßnahmen einzurichten und durchzuführen, so hat es die **Beteiligungsrechte des Betriebsrats** zu beachten.

Der Betriebsrat hat folgende Mitwirkungs– und Mitbestimmungsrechte bei der Berufsbildung:

§ 96 Abs.1 BetrVG	■ Arbeitgeber (AG) und Betriebsrat (BR) haben die Berufsbildung der Arbeitnehmer (AN) zu fördern. ■ AG hat auf Verlangen des BRs mit diesem über Fragen der Berufsbildung zu beraten; der BR kann hierzu Vorschläge machen.
§ 96 Abs.2 BetrVG	■ AG und BR haben darauf zu achten, dass den Arbeitnehmern die Teilnahme an Maßnahmen der Berufsbildung ermöglicht wird – unter Berücksichtigung der betrieblichen Notwendigkeiten. ■ AG und BR haben in diesem Zusammenhang auch die Belange älterer AN zu berücksichtigen.
§ 97 BetrVG	AG und BR haben über die Einrichtung und Ausstattung betrieblicher Einrichtungen zur Berufsbildung, die Einführung betrieblicher Bildungsmaßnahmen sowie über die Teilnahme an außerbetrieblichen Bildungsmaßnahmen zu beraten.
§ 98 Abs.1-6 BetrVG	■ Der BR hat bei der Durchführung von Maßnahmen der betrieblichen Berufsbildung mitzubestimmen. Im Streitfall entscheidet die Einigungsstelle. ■ Der BR kann der Bestellung einer Person, die mit der Durchführung der betrieblichen Berufsbildung beauftragt ist (= Ausbilder), widersprechen oder ihre Abberufung verlangen. ■ Der BR kann Vorschläge bei der Auswahl der Teilnehmer aus der Arbeitnehmerschaft machen. Im Fall der Nichteinigung entscheidet die Einigungsstelle. ■ Der BR hat bei der Organisation, Inhalt und der zeitlichen Lage der Maßnahme mitzubestimmen.

3

Zielgruppenspezifische Förderprogramme erarbeiten und umsetzen

Strukturierung der schriftlichen Prüfung | 20%

3.1 Zielgruppen für Förderprogramme

? Welche Gründe sprechen allgemein für den Einsatz von Förderprogrammen in Unternehmen?

Gründe für den Einsatz von Fördermaßnahmen in Unternehmen

- **Wettbewerbsfähigkeit der Unternehmen zu gewährleisten**

  Beruflicher Bildung wird zukünftig ein höherer Stellenwert eingeräumt werden, weil die Unternehmen nur mit gut ausgebildeten Mitarbeitern **wettbewerbsfähig** und erfolgreich sind und bleiben.

- **Notwendigkeit des lebenslangen Lernens**

  Die heutige Arbeitswelt ist von der Notwendigkeit des lebenslangen Lernens geprägt, um den immer schneller wandelnden Anforderungen, Herausforderungen und dem raschen Wandel der Technik gerecht zu werden.

- **Demografischer Wandel**

  Der demografische Wandel wird zunehmend zu einem Mangel an Fach- und Führungskräften führen.

- **Globalisierung**

  Durch die Globalisierung besteht die Gefahr der Abwanderung der Potenzialträger.

- **Innovation und Innovationsfähigkeit**

  Innovation und Innovationsfähigkeit ist der entscheidende Faktor für Wettbewerbsfähigkeit, damit einher geht ein besonderer Bedarf an innovationsfähigen Mitarbeitern.

- **Loyalität**

  Es besteht ein allgemeiner Trend, dass die Loyalität qualifizierter Mitarbeiter gegenüber ihrem Arbeitgeber sinkt. Förderprogramme erhöhen die Loyalität der Mitarbeiter zum Unternehmen.

- **Transparenz der Arbeitsmärkte**

  Das Internet erhöht die Transparenz der Arbeitsmärkte, wodurch der Wettbewerb um qualifizierte und talentierte Mitarbeiter an Schärfe zugenommen hat.

? Welche Gründe sprechen für den Einsatz eines unternehmensinternen Förderprogramms?

Gründe für den Einsatz unternehmensinterner Förderprogramme

- Unternehmensspezifische Auswahl und Förderung der Mitarbeiter
- Steigerung der Motivation und Arbeitszufriedenheit der Mitarbeiter durch attraktive Ent-

wicklungsmöglichkeiten

- Erhöhung der Identifikation der Mitarbeiter mit dem Unternehmen, denn Förderprogramme erhöhen die Loyalität der Mitarbeiter
- Steigerung der Arbeitgeberattraktivität für neue Bewerber
- Ermöglichung einer frühzeitigen Identifikation von Fach- und Führungskräften
- Sicherung des zukünftigen Bedarfs an Fach- und Führungskräften, Vermeidung zukünftiger Personalengpässe
- Optimierung der internen Stellenbesetzung
- Reduzierung der Kosten für die aufwändige externe Personalsuche
- Minimierung des Risikos von teuren Fehlbesetzungen

Welche möglichen Zielgruppen können Förderprogramme haben?

- Auszubildende
- Facharbeiter/Sachbearbeiter
- Meister/Vorarbeiter
- Abteilungsleiter/stellvertretende Abteilungsleiter
- Hilfsarbeiter und Angelernte
- Weibliche Mitarbeiter
- Ältere Mitarbeiter
- Potenzialträger; Mitarbeiter mit Potenzial
- Förderungswürdige Mitarbeiter wie Spezialisten, Projekterfahrene
- Ehemalige Auszubildende oder Werksstudenten mit überdurchschnittlichen Leistungen
- Mitarbeiter mit Auslandserfahrung bzw. mit umfangreichen Sprachkenntnissen
- Mitarbeiter mit Führungsverantwortung
- Mitarbeiter ohne Führungsverantwortung
- Erste und zweite Führungsebene

BEACHTE

Jede Zielgruppe hat einen unterschiedlichen Entwicklungsbedarf und jeder Mitarbeiter hat andere Entwicklungsbedürfnisse.

3.2 Individuelle und gruppenbezogene Förderprogramme

3.2.1 Betriebliche Förderprogramme

Arbeitnehmer und Unternehmen müssen ihre beruflichen Kompetenzen stetig verbessern, um innovations- und wettbewerbsfähig zu bleiben. Daher sind kompetente Mitarbeiter das Herzstück eines jeden Betriebes und der wichtigste Faktor für den Erhalt und den Ausbau der wirtschaftlichen Leistungsfähigkeit der Unternehmen.

? **Was sind die Erfolgsfaktoren betrieblicher Förderprogramme?**

- Die Konzeption der Weiterbildung erfolgt auf den konkreten Bedarf der Mitarbeiter.
- Die Wünsche und Vorschläge der Mitarbeiter werden berücksichtigt.
- Die Weiterbildung erfolgt kontinuierlich, d.h., die individuellen Entwicklungspläne der Mitarbeiter werden systematisch aufeinander bezogen.
- Die betrieblichen Förderprogramme sind für den einzelnen Mitarbeiter transparent, d.h., jeder Mitarbeiter kennt die Programme.
- Das Weiterbildungsangebot ist an die Änderungen der Unternehmensstrategie und an neue technologische Entwicklungen schnell anzupassen, um den Herausforderungen des demografischen und wirtschaftlichen Wandels wirksam begegnen zu können.
- Die Übertragung des Erlernten in die Praxis und die Sicherung der Wirksamkeit ist zu gewährleisten.

Traineeprogramme

Ein Trainee ist ein Hochschulabsolvent, der in einem Unternehmen durch ein Traineeprogramm mit aufeinander abgestimmten Einsätzen in verschiedenen Abteilungen, Seminaren, Projekten und Netzwerkveranstaltungen **systematisch als vielfältig einsetzbare Nachwuchskraft aufgebaut wird.**

Trainees durchlaufen spezielle Förderprogramme mit einer Laufzeit im Regelfall zwischen 12 und 36 Monaten. Ziel des Traineeprogramms ist es, zukünftige Führungskräfte oder künftige Spezialisten heranzuziehen.

→ **Traineeprogramme als betriebliche Förderprogramme**

Welche Vorteile und Nachteile bieten Traineeprogramme? **?**

Vorteile der Traineeprogramme	Nachteile der Traineeprogramme
■ Geringere Abhängigkeit vom Arbeitsmarkt, da frühzeitig Fach- und Führungskräfte generiert werden können ■ Unternehmensbezogene Qualifizierung ■ Trainees erhalten einen Gesamtüberblick über das Unternehmen und lernen die Verzahnungen und Schnittstellen kennen; Verstehen der Zusammenhänge des Unternehmens und Verständnis für andere Bereiche ■ Ermöglicht Netzwerkbildung im Unternehmen ■ Positiver Imageeffekt für das Unternehmen → Erhöhung der Arbeitgeberattraktivität auf dem Bewerbermarkt ■ Geringere Kosten für die Personalbeschaffung durch interne Besetzung der Führungsstellen ■ Das Unternehmen kann prüfen, in welchem Bereich der Trainee nach Abschluss des Programms am besten einsetzbar ist	■ Hoher interner Aufwand im Hinblick auf Organisation, Koordination und Durchführung ■ Hohe Kosten des Traineeprogramms, da die Trainees noch nicht voll produktiv sind und Kosten für Schulungen der Trainees anfallen ■ Hohe Erwartungshaltung der Trainees im Hinblick auf attraktive Anschlusspositionen und steile Karrierewege; bei Nichterfüllung besteht die Gefahr der Fluktuation

In welchen Phasen kann ein Traineeprogramm ablaufen? **?**

Möglicher Ablauf eines Traineeprogramms:

1. **Einführungsphase**
   → Kennenlernen der Trainees untereinander in Form eines Workshops oder einer Kick-off-Veranstaltung
   → Einführungsveranstaltungen und Netzwerkveranstaltungen
   → Kennenlernen des Unternehmens, der Unternehmensphilosophie, der Unternehmenskultur (Corporate Identity) etc.

2. **Praxisphase/Qualifizierungsphase**
   → Einsätze dem Einsatzplan entsprechend: Trainee wird in verschiedenen Unternehmensbereichen eingesetzt, Übernahme von Führungsaufgaben, produktive operative Mitarbeit im Tagesgeschäft und Projektmitarbeit
   → Teilnahme an allgemeinen Seminaren (etwa zu Softskills), Workshops, individuellen Seminaren sowie Supervision/Mentoring/Coaching

3. Evtl. Auslandsaufenthaltsphase
4. Spezialisierungsphase

→ Übernahmebereich wird - nach den fachlichen Präferenzen des Trainees und den betrieblichen Vorstellungen - festgelegt

→ Einarbeitung in die Planstelle und den späteren Aufgabenbereich

3.2.2 Staatliche Förderprogramme

 Welche staatlichen Förderprogramme gibt es?

Arbeitsförderung der Bundesagentur für Arbeit (SGB III)	**Ziel der Arbeitsförderung nach § 1 Abs.1 S.1 SGB III:** Die Arbeitsförderung soll nach § 1 Abs.1 S.1 SGB III dem Entstehen von Arbeitslosigkeit entgegenwirken, die Dauer der Arbeitslosigkeit verkürzen und den Ausgleich von Angebot und Nachfrage auf dem Ausbildungs– und Arbeitsmarkt unterstützen.
	Leistungen der Arbeitsförderung sind nach § 3 SGB III u.a.: Berufsberatung, Arbeitsmarktberatung sowie Ausbildungs– und Arbeitsvermittlung, Kurzarbeitergeld, Förderung der beruflichen Weiterbildung
Aufstiegs-BAföG	Das von Bund und Ländern gemeinsam finanzierte Aufstiegsfort-bildungsförderungsgesetz (AFBG) -sogenanntes Aufstiegs-BAföG-begründet einen individuellen Rechtsanspruch auf Förderung von beruflichen Aufstiegsfortbildungen, d.h. von Meisterkursen oder anderen auf einen vergleichbaren Fortbildungsabschluss vorberei-tenden Lehrgängen.
	Hinweise: ▪ Seit 1996 gibt es das sogenannte Aufstiegs-BAföG für den Aufstieg im dualen System der beruflichen Bildung. ▪ Das Aufstiegs-BAföG hieß vor dem 01.08.2016 noch **Meister-BAföG.** ▪ Am 01. August 2016 ist das „Dritte Gesetz zur Änderung des Aufstiegsfortbildungsförderungsgesetz (3. AFBGÄndG)" in Kraft getreten. Damit gelten für alle neu beginnenden Aufstiegsfortbil-dungen deutlich verbesserte Förderkonditionen. ▪ Zum **1. August 2020** soll das 4. AFBG Änderungsgesetz mit dem Ziel der Erweiterung des Förderkreises und einer deutlichen Verbesserung des Förderumfanges in Kraft treten.

Aufstiegsstipendium (Stiftung Begabten- förderungswerk berufliche Bildung SBB)	Das Aufstiegsstipendium ist ein **Programm der Begabtenförderung des Bundesministeriums für Bildung und Forschung** (BMBF).
	Das Bundesbildungsministerium hat die Stiftung Begabtenförde- rung berufliche Bildung (**SBB**) damit beauftragt, das Programm zu koordinieren.
	Das Stipendium unterstützt Fachkräfte mit Berufsausbildung und Praxiserfahrung bei der Durchführung eines ersten akademischen Hochschulstudiums.
	Das Programm ist Teil der Qualifizierungsinitiative der Bundesregie- rung „Aufstieg durch Bildung".
	Die Förderung läuft über maximal drei Jahre und die Stipendiaten werden mit bis zu 7.200 EUR für Weiterbildungen gefördert.
	Mehr Infos erhalten Sie über: www.begabtenfoerderung.de
Bildungsurlaub	Es besteht ein gesetzlicher Anspruch der Arbeitnehmer auf bezahlte Arbeitsfreistellung von in der Regel 5 Arbeitstagen pro Jahr zum Zwecke der fachlichen oder allgemeinen Weiterbildung in anerkann- ten Bildungsveranstaltungen.
	Der Anspruch auf Bildungsurlaub wird durch Landesgesetze gere- gelt.
Spezielle Fortbildungs- programme der Länder/ des Bundes/ der EU	Es gibt neben den vorgenannten Programmen eine weitere Vielzahl von Förderprogrammen auf Bundes– und Landesebene.
	Beispiele:
	■ Förderung überbetrieblicher Berufsbildungsstätten (ÜBS) und ihrer Weiterentwicklung zu Kompetenzzentren
	■ Programm "Kompetenzen fördern - Berufliche Qualifizierung für Zielgruppen mit besonderem Förderbedarf"
	Ziel der EU-Bildungsprogramme ist es, vor allem junge Menschen durch berufliche und sprachliche Weiterbildung für das zusammen- wachsende Europa zu qualifizieren und zu Mobilität, Flexibilität und Verständigung beizutragen. Daneben wird aber auch der europäische Austausch von Lernenden und Lehrenden aller Altersstufen gefördert.
	Beispiele von EU-Bildungsprogrammen:
	■ LEONARDO DA VINCI: Programm der EU im Bereich Aus- und Weiterbildung für junge Menschen in der beruflichen Erstausbildung und junge Arbeit- nehmer mit abgeschlossener Berufsausbildung
	■ EU-Bildungsprogramm für lebenslanges Lernen (PLL) : Das Programm fördert den europäischen Austausch von Ler- nenden und Lehrenden aller Altersstufen sowie die europäische Zusammenarbeit von Bildungseinrichtungen
	■ GRUNDTVIG: Programm für Ausbilder und Berufsbildungsverantwortliche

Europäischer Sozialfond (ESF)	Im Rahmen des ESF-Programms der Bundesagentur für Arbeit können Arbeitnehmer gefördert werden, die Kurzarbeitergeld beziehen und die Zeit ihres Arbeitsausfalls nutzen wollen, um an einer beruflichen Qualifizierungsmaßnahme teilzunehmen.
Job-AQTIV-Gesetz	■ Das Job-AQTIV-Gesetz aus dem Jahr 2001 diente der Neuregelung der Arbeitsförderung (AQTIV = Abkürzung für Aktivieren, Qualifizieren, Trainieren, Investieren, Vermitteln) ■ **Zentrale Ziele des Gesetzes:** Langzeitarbeitslosigkeit zu vermeiden, die individuelle Beschäftigungsfähigkeit zu fördern, die präventive Arbeitsmarktpolitik zu verstärken, die Arbeitsmarktpolitik zu flexibilisieren, die Beschäftigungschancen älterer Menschen zu verbessern, die Gleichstellung von Frauen und Männern auf dem Arbeitsmarkt zu fördern und die soziale Sicherheit bei Arbeitslosigkeit auszubauen

4

Qualitätsmanagement in der Personal– und Organisations- entwicklung einsetzen

4.1 Qualitätsstrategien

Unter Qualitätsstrategien in der Bildungsarbeit versteht man **Strategien zur Sicherung der Weiterbildungsqualität und deren ständige Fortentwicklung** in Richtung Qualitätsverbesserung. Qualitätsfragen gewinnen in der beruflichen Weiterbildung, aufgrund Wirtschaftlichkeitsgesichtspunkten vor dem sich verschärfenden Wettbewerbsdruck, zunehmend an Bedeutung. **Betriebe suchen daher nach Möglichkeiten, ihre Bildungsarbeit besser zu planen und zu steuern.**

Qualitätsstrategien in der Personalentwicklung bewirken

- auf der **Mitarbeiterebene:**
  Verbesserung von Leistung, Motivation und Identifikation der Mitarbeiter

- auf der **Unternehmensebene:**
  Verbesserung von Leistungsfähigkeit und Wirtschaftlichkeit des Unternehmens

? **Welche Instrumente der Verbesserung der Weiterbildungsqualität gibt es?**

1. **Bildungscontrolling**
2. **Total-Quality-Management** (TQM)

? **Was versteht man unter Bildungscontrolling?**

„Bildungscontrolling ist ein **Instrument zur Optimierung der Planung, Steuerung und Durchführung der betrieblichen Weiterbildung.**
Es ist an den einzelnen Phasen des gesamten Bildungsprozesses ausgerichtet und reicht von der Ermittlung des Weiterbildungsbedarfs über die Zielbestimmung der Weiterbildung, die Konzeption, Planung und Durchführung von Bildungsmaßnahmen bis hin zur Erfolgskontrolle und Sicherung des Transfers ins Arbeitsfeld. Die Bildungsarbeit wird dabei nicht nur unter pädagogischen Gesichtspunkten betrachtet, sondern vor allem auch unter Beachtung ökonomischer Kriterien überprüft und bewertet. **Fragen nach Effizienz und Effektivität und nach dem Nutzen von Weiterbildung stehen im Vordergrund."**
Quelle: http://www.bibb.de/de/limpact13247.htm

Was versteht man unter Total-Quality-Management TQM? ?

Total-Quality-Management (TQM) ist eine Firmenphilosophie, bei der die Qualität als oberste Zielsetzung für das gesamte Unternehmen gilt und dauerhaft zu garantieren ist (= **umfassendes Qualitätsmanagement**).

Es geht um die Optimierung der Qualität von Produkten und Dienstleistungen eines Unternehmens in allen Funktionsbereichen und auf allen Ebenen durch Mitwirkung aller Mitarbeiter.

Zu den wesentlichen Prinzipien der TQM-Philosophie zählen:

- Kundenorientierung des gesamten Unternehmens
- Einbeziehung aller Mitarbeiter
- Arbeiten in Prozessen
- Kontinuierliche Qualitätsermittlung durch Messgrößen
- Kontinuierliche Optimierung der Prozesse
- Kontinuierliche Schulung und Weiterbildung
- Führen mit Zielen
- Langfristige interne und externe Kunden-Lieferantenbeziehungen
- Null-Fehlerprogramme
- Regelmäßige Audits

Hinweise:

- Das meistverbreitete TQM-Konzept in Deutschland ist das EFQM-Modell für Excellence der European Foundation for Quality Management
- TQM ist eng mit den Ansätzen Lean-Mangement und Kaizen verflochten

Ziele des TQM:

- Steigerung der Kundenzufriedenheit
- Kontinuierliche Verbesserung aller Leistungen und Prozesse im Unternehmen

4.2 Qualitätsnormen/Zertifizierung

Nach dem Bundesministerium für Bildung und Forschung gewinnen „Zertifikate für nachgewiesene Qualifikationen und Kompetenzen in einer lernenden Gesellschaft wachsende Bedeutung. Sie dokumentieren im Rahmen eines strukturierten Angebots erbrachte Leistungen, berechtigen zum Zugang zu weiteren Bildungsgängen, tragen zur Verwertbarkeit der Abschlüsse auf dem Arbeitsmarkt bei und stellen wichtige Voraussetzungen für das kontinuierliche Weiterlernen und den Zugang zu Karriere und gesellschaftlichem Ansehen dar."

Quelle: http://www.bmbf.de/pub/aktionsprogramm_lebensbegleitendes_lernen_fuer_alle.pdf

 Was versteht man unter Zertifizierung in Bildungseinrichtungen?

DEFINITION ZERTIFIZIERUNG

Zertifizierung ist ein Verfahren, bei dem einem Unternehmen bestätigt wird, dass es über ein Qualitätsmanagementsystem verfügt, das den DIN-EN-ISO Normen entspricht.

Als **Gütesiegel für die Qualitätssicherung in der Weiterbildung** hat sich die **Zertifizierung nach DIN ISO 9000 ff** als internationaler Standard etabliert.

Die Bezeichnung DIN ISO 9000 ff. steht für eine Normenreihe, die von der International Organization for Standardization (ISO) herausgegeben wird. **Normen dienen der Vereinheitlichung und gewährleisten damit Vergleichbarkeit und Transparenz.**

Die Gesellschaft der Deutschen Wirtschaft zur Förderung und Zertifizierung von Qualitätssicherungssystemen in der Beruflichen Bildung mbH (Certqua) bietet Bildungseinrichtungen die Möglichkeit, ihr Qualitätsmanagementsystem nach der internationalen Normenreihe ISO 9000 zu zertifizieren.

 Welche Vorteile bietet eine ISO-Zertifizierung einer Bildungseinrichtung?

- Der Qualitätsnachweis eines Bildungsangebots durch neutrale Dritte führt zu Vertrauensbildung und dadurch zu **Image- und Marketingvorteilen**
- Hohe Bekanntheit und Transparenz der Qualitätsziele bei Mitarbeitern und Kunden
- Kontinuierliche und systematische Überprüfung der Qualitätsstandards
- Unabhängige und objektive Rückmeldung durch die Zertifizierungsstelle
- Ermöglicht eine Differenzierung von den Wettbewerbern und damit marktstrategische Vorteile

4.3   Kosten-Nutzen-Analyse

Wer im Weiterbildungsbereich sein Budget behaupten oder ausbauen möchte, muss darlegen, inwieweit die Investition zum Erreichen der Unternehmensziele beiträgt.

Was versteht man unter einer Kosten-Nutzen-Analyse in der Weiterbildung?

DEFINITION KOSTEN-NUTZEN-ANALYSE DER PERSONALENTWICKLUNG

Die Kosten-Nutzen-Analyse ist ein Überbegriff für verschiedene Analysen, die Nutzen und Kosten vergleichen.

Bei der Kosten-Nutzen-Analyse der Personalentwicklung werden die Kosten und der Nutzen definierter Personalentwicklungsmaßnahmen erfasst und analysiert, mit dem Ziel, die richtige Personalentwicklungsentscheidung zu treffen und den Erfolg einer Weiterbildung im Sinne von Unternehmenserfolg in Geldwert anzugeben.

Bei der Kosten-Nutzen-Analyse werden **Kosten und Nutzen einer Weiterbildungsmaßnahme gegenübergestellt.**

Die Analyse ermöglicht, **den Erfolg** einer Weiterbildung im Sinne von Unternehmenserfolg **in Geldwert anzugeben.**

- **Nutzen** ist dabei ein Maß für die **Leistungsänderung der Teilnehmer** auf der Ebene des Geschäftserfolgs in Folge der Weiterbildungsmaßnahme. Die Indikatoren für den Nutzen sind allerdings nur schwer quantifizierbar.

- Die **Kosten** einer Weiterbildungsmaßnahme sind in der Regel unproblematisch und relativ exakt erfassbar.

Problematisch ist, dass die Kosten für die Weiterbildung unmittelbar entstehen, während der Nutzen oft erst mit einer mehr oder weniger großen zeitlichen Verzögerung sichtbar wird. Außerdem lässt sich oft kein direkter Zusammenhang zwischen Bildungsmaßnahme und Unternehmenserfolg nachweisen.

Die Herausforderung besteht darin, die Ergebnisse der Weiterbildung messbar zu machen und weiche Faktoren wie Wissenszuwachs oder Einstellungsänderungen in Form von harten Zahlen darzustellen.

? Warum macht eine Kosten-Nutzen-Analyse bzw. eine Kostenkontrolle von Weiterbildungsmaßnahmen Sinn?

Eine regelmäßige Erfassung, Verrechnung und Überprüfung der Kosten (= Kostenkontrolle) von Weiterbildungsmaßnahmen macht Sinn, weil diese ...

- einen Überblick über Art und Höhe der angefallenen Kosten bietet
- zur Kostentransparenz sowie zur Transparenz der Entwicklung der Kosten beiträgt
- Weiterbildungsaktivitäten vergleichbar macht
- eine Kontrolle der Budgeteinhaltung bietet
- Grundlage für das Bildungscontrolling ist
- die Zuordnung zu den einzelnen Abteilungen / Bereichen, und auch die Zuordnung zu den Maßnahmen ermöglicht
- einen Soll-Ist-Vergleich bietet
- Entscheidungsgrundlage für neue Weiterbildungsmaßnahmen ist
- Benchmarking ermöglicht
- ein Kostenbewusstsein für Weiterbildungen erzeugt

Hinweis:

Durch Bildung und Beobachtung aussagekräftiger Kennzahlen wird versucht, den wirtschaftlichen Nutzen einer Maßnahme zu erfassen und dadurch eine Aussage über Effektivität und Effizienz von Weiterbildungsmaßnahmen machen zu können.

? Welche Kennzahlen sind bei der Erfassung der Kosten-Nutzen-Relation von Weiterbildungsmaßnahmen wichtig?

Ausgewählte Kennzahlen zur Erfassung der Kosten-Nutzen-Relation von Weiterbildungsmaßnahmen:

- Durchschnittliche Kosten jährlicher Weiterbildung pro Mitarbeiter
- Teilnehmertage pro Mitarbeiter
- Kosten je Weiterbildungstag
- Anteil der Teilnehmer nach Funktion/Alter/Standort/etc.
- Aus- und Weiterbildungskosten in Prozent vom Gesamtumsatz
- Raum-, Reise-, Verpflegungskosten für Weiterbildungsmaßnahmen
- Weiterbildungskosten in Relation zu Fluktuationskosten
- Veränderung der Fluktuationsquote
- Produktivitätsquote

- Umsatz/Gewinn pro Mitarbeiter
- Veränderung der Reklamationsquote/Ausschussquote
- Anzahl der Leistungseinheiten pro Mitarbeiter
- Teilnehmerzufriedenheitsquote
- Test- und Prüfungsergebnisse

4.4 Qualitätssichernde Maßnahmen in der Personalentwicklung

 Wie kann man die Qualität von Weiterbildungsmaßnahmen sichern?

Die Qualität von Weiterbildungsmaßnahmen kann man durch **Bildungscontrolling** sichern.

Mit Bildungscontrolling kann man umfassend und kontinuierlich den gesamten Weiterbildungsprozess evaluieren und folglich die Weiterbildung qualitativ steuern.

Das Bildungscontrolling bewertet die aktuellen Bildungsmaßnahmen zeitnah und umfassend, um auf Basis dieser gewonnenen Erkenntnisse zukünftige Aktivitäten in der Personalentwicklung in Bezug auf Kosten, Qualität und Nutzen effizienter und effektiver gestalten zu können.

Kernfragen zur qualitätssichernden Durchführung von Maßnahmen:

1. Wird in der Weiterbildung das für die betriebliche Praxis relevante Wissen tatsächlich gelernt? Wurden die Lernziele erreicht (= **Lernerfolg**)?

2. Konnte ein **Transfererfolg** in die alltägliche Arbeitspraxis erreicht werden? Wie kann der Lernerfolg und der Transfer in die betriebliche Praxis sichergestellt werden?

3. Sind die gesetzten Ziele effizient erreicht (= **Geschäfts-/Investitionserfolg**)?

Welche Maßnahmen und Instrumente zur Erfolgsüberprüfung gibt es?

Zu messender Erfolg	Fragestellung/Erläuterung	Maßnahmen und Instrumente zur Erfolgsüberprüfung
Zufriedenheits-erfolg	Wie war die Qualifizierungsmaßnahme?	Feedback des Teilnehmers nach dem Seminar einholen durch
	Wie zufrieden war der Teilnehmer mit der Maßnahme?	■ ein Gespräch,
	Im Zentrum stehen Aspekte wie Zufriedenheit mit	■ einen standardisierten Seminarbeurteilungsbogen und/oder
	■ den Maßnahmeninhalten,	■ einem Seminarbericht
	■ den Lehr- und Lernmethoden,	
	■ den zeitlichen Bedingungen,	
	■ dem Trainer und	
	■ den Rahmenbedingungen.	

Zu messender Erfolg	Fragestellung/Erläuterung	Maßnahmen und Instrumente zur Erfolgsüberprüfung
Lernerfolg	Was haben die Teilnehmer gelernt? Hier geht es um die Überprüfung, inwieweit Inhalte der Weiterbildung verstanden und behalten wurden.	Durch Fragebogen, Interview mit Teilnehmer, Befragung des Vorgesetzten, Rollenspiele, mündliche oder schriftliche Tests, Anfertigen von Arbeitsproben, Projektarbeit, Einsetzen der Fähigkeiten und Fertigkeiten innerhalb von Planspielen und Simulationen
Transfererfolg	Was wird und was kann konkret umgesetzt werden? Was hat der Teilnehmer konkret umgesetzt? Hier geht es darum, ob die erlernten Fähigkeiten in die Praxis übertragen werden konnten und der Teilnehmer das Gelernte (→ verändertes Verhalten oder Fachwissen) im beruflichen Alltag nutzt. → Übertragen des Gelernten aus der Lernsituation in die Anwendungssituation. **Hinweis:** Nicht jeder Lernerfolg führt automatisch zu einer erfolgreichen Nutzung im Alltag.	■ Beobachtung der Teilnehmer in der konkreten praktischen Umsetzung am Arbeitsplatz ■ Überprüfung der vereinbarten Umsetzungsziele; Kundenzufriedenheitsmessung, Mitarbeiterzufriedenheitsmessung ■ Nachhaltigkeit überprüfen ■ **Hinweis:** Anhand von folgenden typischen **Kennzahlen** wird die Effizienz und der Transfererfolg von Weiterbildungsmaßnahmen überprüft: Produktivität, Fluktuationsquote, Veränderung der Reklamationsquote, Ergebnisbeitrag pro Mitarbeiter, Umsatz pro Mitarbeiter, Anzahl der Leistungseinheiten pro Mitarbeiter, Absentismus/Fehlzeitenquote etc.
Geschäftserfolg	Was hat es für das Unternehmen gebracht? Hat sich der Aufwand gelohnt? Hier geht es darum, inwiefern der Wissenszuwachs beziehungsweise die Verhaltensänderung zu einem positiven Beitrag für die Unternehmensziele bzw. das wirtschaftliche Ergebnis des Unternehmens geführt hat.	■ Durch Messung und Kontrolle quantitativer **Kennzahlen** wie Umsatzsteigerung, Arbeitsproduktivität, Senkung der Ausschuss-, Nacharbeits- oder Reklamationsquote ■ Kunden-, Teilnehmer- und Vorgesetztenbefragung
Investitionserfolg	Hat das Unternehmen mit der Investition in die Weiterbildungmaßnahme den ROI erreicht?	■ Berechnung des Return on Investment ROI

Erläutern Sie den Kreislauf des Bildungscontrollings.

Was soll erreicht werden?

Bildungsbedarfsanalyse und Zielsetzung (Definition der Qualifizierungsziele)

Welche Konsequenzen folgen?

Optimierung der Inhalte und Formen der Maßnahmen

Bildungs-controlling

Was soll für welchen Teil-nehmer bis wann gemacht werden?

Maßnahmenplanung und Organisation

Wie sind die Ergebnisse? (Erfolgskontrolle)

Betriebswirtschaftliche und pädagogische Kontrolle der erreichten Ist-Werte mit den Zielvorgaben

Wie kann die Wirkung gemessen werden?

Kennzahlen/ Indikatoren/ Instrumente festlegen, mit denen man den Wirkungser-folg messen kann

Abb.: Kreislauf des Bildungscontrollings

 Welche Ansätze im Bildungscontrolling gibt es?

Unterschiedliche Ansätze des Bildungscontrollings:

| Pädagogischer Ansatz | Auf Einzelperson bezogen, d.h., persönliche Einschätzung des Einzelnen steht im Vordergrund; Planung, Angebote und Lernerfolge anhand der Bewertung des einzelnen Teilnehmers stehen auf dem Prüfstand | Vor dem Seminar legt der Mitarbeiter in Absprache mit dem Vorgesetzten die **Lernziele** fest. Im Seminar und unmittelbar nach dem Seminar wird eine Bewertung durchgeführt, ob die gesetzten Ziele und Inhalte erreicht wurden, und wie das Gelernte in die berufliche Praxis umgesetzt werden kann. In der Folgezeit wird der Lerntransfer überprüft, ggf. Follow-up-Gespräche nach einigen Wochen. |

Ökonomischer Ansatz	Auf Gruppen und Bereiche bezogen, d.h., Nutzen, Leistungssteigerung oder Wertschöpfung der Weiterbildung stehen im Vordergrund	Kennzahlen als Indikatoren für den Weiterbildungserfolg; Messbarkeit der Qualität und Quantität der Arbeitsergebnisse. Der ökonomische Ansatz eignet sich besonders für Arbeitsplätze, deren Arbeitsabläufe standardisiert sind und deren Leistungsergebnisse ermittelt werden können.
Benchmarking Ansatz	Durch Vergleich von Systemen und Vorgehensweisen mit den Besten in diesem Bereich das eigene Weiterbildungscontrolling zu verbessern	Es geht darum, „Best-Practice-Beispiele" im Bildungscontrolling zu finden, um durch den Vergleich mit den Besten in diesem Bereich das eigene Weiterbildungscontrolling aufzubauen oder zu verbessern. Möglichkeiten: Vergleich der Prozesse im eigenen Unternehmen, Konkurrenzvergleiche, Vergleich von Prozessen und Produkten branchenfremder Unternehmen, Vergleich mit Statistiken

Was kann bei Bildungsveranstaltungen beurteilt und ausgewertet (= evaluiert) werden?

Schulungsinhalte	■ Wurden die gesetzten Lernziele erreicht? In welchem Maße?
	■ In welchem Umfang entsprach das Seminar dem aufgestellten Programm?
	■ Wurde auf den Kenntnisstand und die Wünsche der Teilnehmer eingegangen?
	■ Wie ist der Praxisbezug zu beurteilen?
	■ In welchem Maße wird sich das Gelernte auf den Arbeitsplatz und auf die Arbeitserledigung auswirken?
Referent	■ Entsprach die fachliche und persönliche Kompetenz des Referenten den Erwartungen?
	■ Vermittelte er den Lehrstoff verständlich?
	■ Ging er auf Fragen, Einwände und Diskussionsbeiträge der Teilnehmer ein?
	■ Wie waren Inhalte und methodisches Vorgehen aufeinander abgestimmt?
	■ Bezog der Referent die Praxis mit ein?

Organisation	■ Entsprachen Lehrgangsberatung und Lehrgangsbetreuung den Erwartungen?
	■ Wie sind Raumorganisation, Technik, Ausstattung, Unterbringung und Verpflegung zu bewerten?
	■ Waren die Teilnehmerunterlagen in qualitativer Hinsicht für das Lernen hilfreich?
Gesamteindruck	■ Ist diese Bildungsmaßnahme zu empfehlen? Ggf. für welche Zielgruppe?
	■ Verbesserungsvorschläge?

 ? Welche Möglichkeiten zur Erhöhung des Transfers (→ Transfersicherung) gibt es?

Die Erhöhung des Transfers, also die Übertragung des Erlernten in die Praxis bzw. die Sicherung der Wirksamkeit, muss ein wesentliches Anliegen bei der Gestaltung von PE-Maßnahmen sein.

Möglichkeiten zur Erhöhung des Transfers bzw. zur Transfersicherung:

Vorbereitende Maßnahmen <u>vor</u> der Veranstaltung	■ Erhebung des Personalentwicklungsbedarfs von den Arbeitsaufgaben ausgehend, statt "Gießkannenprinzip" (d.h., jeder, der möchte, darf ohne vorherige Bedarfsermittlung teilnehmen)
	■ Grund für Weiterbildungsmaßnahme klären, Lernzielbedarfsermittlung
	■ Zielgruppenanalyse, damit der Trainer bei der Maßnahmenplanung z.B. bestehende Erfahrungen und Wissensbestände, das Anspruchsniveau oder die Erwartungen der Teilnehmer einbeziehen kann
	■ Aussagekräftige Vorabinformationen der Teilnehmer über die Veranstaltung und deren Lerninhalte; Vorbereitungsmaterial aushändigen (→ Transparenz)
	■ Rechtzeitige Einladung der Teilnehmer, Sicherung der Arbeitsvertretung
	■ Unterstützung durch den Vorgesetzten und Kollegen
	■ Vereinbarung transfersichernder Maßnahmen im Vorfeld, wie eine Präsentation über die Schulungsinhalte oder eines Tests am Ende der Schulung

Begleitende Maßnahmen <u>während</u> der Veranstaltung	■ Aufbau eines konstruktiven Lernklimas durch den Trainer ■ Angemessenes Lerntempo ■ Gute Lernmethodik ■ Hoher Praxisbezug, eingehen auf den Kenntnisstand der Teilnehmer, Teilnehmerinvolvierung und Teilnehmeraktivierung ■ Orientierung an Wünschen und Problemen der Teilnehmer ■ Hohe fachliche Kenntnis des Referenten ■ Verständlichkeit der Lerninhalte, konkrete Veranschaulichung der Lerninhalte ■ Angemessener Seminarort, Räumlichkeiten, Unterbringung, Verpflegung
<u>Nachbereitung</u> von Maßnahmen	■ Teilnehmer-Feedback ■ Vereinbarung von Umsetzungsstrategien ■ Rückmeldung/Nachbereitungsgespräch mit dem Vorgesetzten bzw. dem Personalverantwortlichen ■ Möglichkeit zur Erprobung des neu erworbenen Wissens geben; Unterstützung bei der Umsetzung des Gelernten durch den Vorgesetzten und durch Kollegen ■ Einzelgespräche mit dem Personalreferenten, um Möglichkeiten des Einsatzes des neu gelernten Wissens zu besprechen ■ Erfahrungsaustauschgruppen/ Lernpartnerschaften ermöglichen ■ Hausaufgaben, Aktionspläne, Verhaltensverträge, Reminder/Erinnerungsbrief, Transfervertrag ■ Follow-up-Workshop ■ Transfercoaching

Hinweis:

Eine erfolgreiche und qualitätssichernde Personalentwicklungsarbeit verlangt also die **Beteiligung von Mitarbeitern und Vorgesetzten in allen Phasen** der Weiterbildungsmaßnahme, d.h.,

1. Befragung bzw. Gespräch <u>vor</u> Beginn der Maßnahme
2. Befragung, Gespräch und Lernerfolgskontrolle <u>am Ende</u> der Maßnahme
3. Umsetzung und Kontrolle des Lerntransfers; Überprüfung der Weiterbildungsmaßnahme anhand konkreter Ziele
4. Kontrolle der Effektivität der durchgeführten Maßnahme und Optimierung der Inhalte und Formen der Maßnahme, um die Wirksamkeit der Bildungsmaßnahme nachzuweisen und gleichzeitig Erkenntnisse zur Optimierung der laufenden oder künftigen Weiterbildung zu gewinnen.

Nach der Darstellung der Aspekte, die den Lerntransfer positiv beeinflussen, stellt sich die Frage, welche Widerstände oder Barrieren den Transfer des Gelernten in den beruflichen Alltag erschweren bzw. beeinträchtigen.

Mögliche Transferbarrieren:

1. **Im Vorfeld der Maßnahme/Vorbereitungsphase:**
   - Fehlende Bildungsbedarfs- und Zielgruppenanalyse, falsche Auswahl der Teilnehmer
   - Unklare Ziele und/oder fehlende Informationen über die Veranstaltung
   - Mangelnde Vorbereitung der Teilnehmer
   - Teilnehmer bewerten den Lerninhalt als unwichtig oder unnütz bzw. Seminare gelten als Kurzurlaub oder Bonus
   - Teilnehmer werden zur Teilnahme am Seminar gezwungen, fehlende Freiwilligkeit

2. **Während der Maßnahme/Trainingsphase:**
   - Fehlender Praxisbezug, mangelnde Relevanz der Inhalte für die tägliche Arbeit, zu schnelles Lerntempo, ungeeignete Lernmethodik, keine Teilnehmerinvolvierung und Teilnehmeraktivierung, inadäquate Lerninhalte
   - Zu geringe Motivation der Teilnehmer, Inhalte werden von Teilnehmern nicht ernst genommen
   - Geringe Lern- und Konzentrationsfähigkeit der Teilnehmer

3. **Nach der Maßnahme/Nachbereitungsphase:**
   - Mangelnde Nachbereitung der Maßnahme
   - Fehlende Anwendungsmöglichkeiten, mangelnde Relevanz für Arbeitsalltag
   - Mangelnde Akzeptanz und fehlendes Interesse bei Kollegen, Führungskräften und/oder Mitarbeitern
   - Termindruck und Terminzwänge ; fehlende Zeit, Inhalte umzusetzen
   - Vorgesetzte verhindern Umsetzung aus Angst vor Kompetenzverlust
   - Fehlende Einsicht in die Anwendbarkeit der Lerninhalte in die Arbeitstätigkeit
   - Angst der Teilnehmer von Neuerungen

5

Führungsmodelle und Führungsinstrumente anwenden, Führungskräfte beraten

Strukturierung der schriftlichen Prüfung | 20%

5.1 Führungsmodelle (Management-by-Techniken)

 Was versteht man unter Führen?

> **DEFINITION FÜHREN**
>
> Führen bedeutet generell die Steuerung des Handelns von Personen oder Gruppen zur Verwirklichung der gesetzten oder vorgegebenen Ziele.

Es geht also beim Führen um die **zielbezogene Einflussnahme**, d.h., die Führungskraft hat ihre Mitarbeiter zu einem verbindlichen zielorientierten Verhalten zu veranlassen, das orientiert an den Grundsätzen des Unternehmens den jeweilig zugewiesenen Aufgabenstellungen entspricht.

 Was versteht man unter sachorientierter und personenorientierter Führung?

Führung	
Sachorientierte Führung	**Personenorientierte Führung**
Sachorientierte (= **aufgabenorientierte**) Führung im Betrieb bedeutet, dass der Vorgesetzte die betrieblichen Abläufe durch Planung, Organisation, Durchführung und Kontrolle zielorientiert steuert.	Personenorientierte (= **beziehungsorientierte**) Führung im Betrieb bedeutet, dass der Vorgesetzte das Arbeits- und Lernverhalten seiner Mitarbeiter insbesondere durch seinen Führungsstil, sein Menschenbild und seine Persönlichkeit positiv beeinflussen soll.
Im Vordergrund stehen die Leistungen der Mitarbeiter, die in einem bestimmten Zeitraum zu erfüllen sind.	**Im Vordergrund stehen die Bedürfnisse und Erwartungen der Mitarbeiter.**
Der Schwerpunkt des Führungsverhaltens liegt in der Zuweisung von Aufgaben, der Anleitung von Mitarbeitern sowie deren fachlicher Unterstützung bei der Aufgabenlösung.	Der Schwerpunkt des Führungsverhaltens liegt in gegenseitigem Vertrauen, emotionaler Unterstützung, Motivation und Rücksichtnahme.

Was versteht man unter Führungsmodellen? **?**

DEFINITION FÜHRUNGSMODELLE

Führungsmodelle (auch Führungskonzepte oder Führungsprinzipien genannt) treffen Aussagen darüber, wie die Praxis der Führung in einer Organisation vollzogen werden soll.

Führungsmodelle bieten Leitlinien für das Handeln von Vorgesetzten und Orientierungsrahmen für die Mitarbeiter hinsichtlich des erwarteten Arbeitsstils.

Führungsmodelle = **Management-by-Techniken**

BEACHTE

Management-by-Konzepte sind Modelle zur Unterstützung des Führenden.

Ihre unternehmensweite Anwendung soll ein einheitliches Führungsverhalten im Unternehmen bewirken.

Was soll mit dem Einsatz von Führungsmodellen erreicht werden? **?**

Mit dem Einsatz von Führungsmodellen soll Folgendes erreicht werden:

- Abstimmung der Organisationsstruktur mit der Management-Konzeption.
- Vereinheitlichung des Führungsverhaltens aller Vorgesetzten eines Unternehmens.
- Abstecken des Rahmens der Zusammenarbeit zwischen Führungskraft und Mitarbeiter.
- Vorgesetzte werden von Routineaufgaben entlastet, dadurch bleibt mehr Zeit für Führungsaufgaben.
- Sie bieten dem Mitarbeiter größere Handlungsfähigkeit und dadurch höhere Motivation und Zufriedenheit.
- Durch partizipative Führung erfolgt eine stärkere Identifikation der Mitarbeiter mit den Unternehmenszielen.

Folgende wichtige Management-by-Modelle gibt es:

Management-by-Delegation (MbD)	**Führen durch Übertragung von Aufgaben, Kompetenzen und Verantwortung,** d.h., klar abgegrenzte Aufgabenbereiche werden mit entsprechender Verantwortung und Kompetenz an Mitarbeiter (über Stellenbeschreibungen) übertragen. Bausteine: **Ziel + Aufgabe + Kompetenz**
Management-by-Objektives (MbO)	**Führen durch Zielvorgabe bzw. Zielvereinbarung.** Anstelle der Aufgabenorientierung erfolgt eine Zielorientierung. Grundgedanke ist, dass sich gute Mitarbeiter dadurch auszeichnen, dass sie vorgegebene Ziele erreichen.
Management-by-Exception (MbE)	**Führen durch Ausnahmeregelung.** Die Mitarbeiter entscheiden innerhalb eines vorgegebenen Rahmens (Delegation von Routineaufgaben) selbständig. Der Vorgesetzte greift nur bei im Vorhinein festgelegten Ausnahmetatbeständen ein. D.h., die Mitarbeiter arbeiten solange selbständig und eigenverantwortlich, bis eine Toleranzgrenzenüberschreitung oder ein unvorhersehbares Ereignis eintritt. Voraussetzung: Vorhandensein von Informations-, Kontroll- und Berichtsystemen, die den definierten Ausnahmefall signalisieren.
Management-by-Results (MbR)	**Führen durch Ergebnisvorgabe und Ergebnisüberwachung** bei dezentraler Führungsorganisation. → **Ergebnisorientierte Führung.** Die Steuerung des Unternehmens erfolgt dadurch, dass Zielvorgaben gemacht werden, die dann eigenverantwortlich zu realisieren sind.
Management-by-Participation (MbP)	**Führen durch Teilhabe.** Dieses Prinzip zielt darauf ab, dass Mitarbeiter bei der Lösung von Fragestellungen stärker in den Prozess integriert werden.
Management-by-Motivation (MbM)	**Führen durch Motivation.** Das Modell zielt darauf ab, dass die individuellen Bedürfnisse der Mitarbeiter berücksichtigt werden. Die Motivation der Mitarbeiter fördert die Identifikation mit dem Unternehmen sowie die Leistungsbereitschaft und -fähigkeiten.
Management-by-Communication	**Führen durch Information und Kommunikation.** Alle Mitarbeiter sollen möglichst viel wissen und umfassend informiert sein.

Management-by-Direction-and-Control (MbDC)	**Führen durch Anweisung und Kontrolle** durch den Vorgesetzten. ■ Autoritäres Führungsprinzip. ■ Stark ausgeprägte Entscheidungszentralisation durch den Vorgesetzten. **Hinweis:** Führen durch Befehl und Kontrolle stellt heute eine inzwischen als überwunden angesehene Form des Führens dar.
Management-by-Systems (MbS)	Systematische Unternehmensführung: **Führen durch Systemsteuerung.** Die betrieblichen Abläufe sollen durch ein System von Netzwerken und Regelkreisen selbstregulierend organisiert werden. Ein Management-Informationssystem schafft vor allem zahlenmäßig Transparenz als Basis für Führungsaktivitäten. **Hinweis:** Dieses umfassende Prinzip berücksichtigt die Komplexität und Verflechtung der Unternehmensprozesse.

BEACHTE

Führungsmodelle sind mit dem Betriebsrat abzustimmen und den Mitarbeitern bekannt zu geben.

Management-by-Delegation MbD

DEFINITION DELEGIEREN/DELEGATION

Delegieren bedeutet, Arbeiten von einer „höheren Ebene" auf eine niedrigere abzugeben.

DEFINITION MANAGEMENT-BY-DELEGATION MBD

Führen durch Übertragung von Aufgaben, Kompetenzen und Verantwortung,
d.h., klar abgegrenzte Aufgabenbereiche werden mit entsprechender Verantwortung und Kompetenz an den entsprechenden Mitarbeiter (über Stellenbeschreibungen) übertragen.

Bausteine des Management-by-Delegation MbD:

Ziel + Aufgabe + Kompetenz

123

Welche Vorteile bietet Management-by-Delegation MbD?

- Aufgaben, Kompetenzen und Verantwortung liegen in einer Hand.
- Entscheidungen werden auf der Ebene getroffen, die von der Sache her zuständig ist; Know-how und Experteneigenschaft der Mitarbeiter wird genutzt.
- Förderung der Leistungsmotivation, Eigeninitiative, Verantwortungsbereitschaft des Mitarbeiters durch transparente Aufgabenbereiche und Handlungsvollmachten.
- Selbstverwirklichung und Arbeitszufriedenheit des Mitarbeiters wird gesteigert.
- Entlastung des Vorgesetzten; Möglichkeit, Prioritäten zu setzen; mehr Zeit des Vorgesetzten für Führungsaufgaben.

BEACHTE

 Beim Delegieren muss genau geprüft werden, welche Aufgaben übertragen werden sollen und können. Wichtig ist auch die Kompetenzabgrenzung.

- **Klassische Führungsaufgaben** wie Zielsetzung und Planung von Aufgaben, Einstellung von Mitarbeitern, Entlassung eines Mitarbeiters, Abmahnung, Kompetenzabgrenzung, Kontrolle der Mitarbeiter, Leistungsbeurteilung usw. **dürfen <u>nicht</u> delegiert werden.**

Welche Aufgaben können delegiert werden und welche nicht?

Delegierbare Aufgaben	Nicht delegierbare Aufgaben
- Routineaufgaben - Detailaufgaben - vorbereitende Aufgaben, die als Grundlage für Entscheidungen dienen - reine Spezialistenaufgaben	<u>Nicht</u> delegierbare Aufgaben sind alle „echten" **Führungsaufgaben** wie - Zielsetzung und Planung von Aufgaben - Einstellung von Mitarbeitern - Entlassung von Mitarbeitern - Abmahnung - Kompetenzabgrenzung - Kontrolle der Mitarbeiter - Leistungsbeurteilungen - Führung und Motivation der Mitarbeiter - vertrauliche Angelegenheiten - außergewöhnliche Fälle, wie Aufgaben mit großer Tragweite und/oder hohem Risikoanteil

Welche Voraussetzungen benötigt eine Führungskraft zum sinnvollen Delegieren?

Die Führungskraft benötigt zum effektiven Delegieren folgende Voraussetzungen:

- Die Fähigkeit zu delegieren.
- Die Bereitschaft der Führungskraft, Aufgabe, Zielsetzung plus dazugehörende Verantwortung und Entscheidungsrahmen an Mitarbeiter zu delegieren.
- Kenntnis um die vorhandenen Mitarbeiterpotenziale und Vertrauen zu den Mitarbeitern.
- Mitarbeiter entsprechend (auch organisatorisch) vorzubereiten und zu unterstützen, damit die Aufgaben mit dem jeweiligen Qualitätsstandard erfüllt werden.
- Keine Rückdelegation zulassen!
- Festlegen, welche Aufgaben delegiert werden können und welche nicht.
- Genaue Arbeitsanweisungen geben und Formen der Kontrolle vereinbaren.

Welche Voraussetzungen benötigt der Mitarbeiter für eine sinnvolle Delegation?

Bei den **Mitarbeitern** setzt die Delegation notwendige Kompetenzen sowie die Bereitschaft zur Verantwortungsübernahme voraus, d.h.

- **Wollen** (Bereitschaft und Motivation zur Verantwortungsübernahme) und
- **Können** (Beherrschen der Arbeit).

BEACHTE

Für eine erfolgreiche Delegation muss

- Delegationsbereitschaft aufseiten des Vorgesetzten **und**
- Delegationsfähigkeit aufseiten des Mitarbeiters

vorhanden sein.

Welche Delegationsregeln (= Grundsätze der Delegation) sind einzuhalten?

- Aufgabe, Ziel und notwendige Verantwortung ist zu delegieren.
- Erfolgskriterien operationalisierbar festlegen (Menge, Qualität, Zwischen- und Endtermine vereinbaren).

- Sinn der Aufgabe vermitteln und beidseitiges Aufgabenverständnis sichern.
- Eindeutige Verantwortung und Rahmenbedingungen klären.
- Interesse zeigen und nach Zwischenständen erkundigen.
- Ansprechpartner für den Delegierten sein.
- Darauf achten, dass die Aufgabe für den Mitarbeiter keine Über- oder Unterforderung darstellt. → Die Aufgaben müssen den Fähigkeiten des Mitarbeiters entsprechen.
- Dem Mitarbeiter müssen alle Informationen zur Verfügung gestellt werden, die zur Erledigung der Aufgaben notwendig sind.

? Welche Verantwortungsbereiche beim Delegieren liegen zum einen beim Mitarbeiter und zum anderen bei der Führungskraft?

Mitarbeiter	Führungskraft
Der **Mitarbeiter trägt die Handlungsverantwortung,**	Der **Vorgesetzte trägt die Führungsverantwortung,**
d.h., er ist für all das verantwortlich, was er in seinem Delegationsbereich tut oder zu tun unterlässt, wie ...	d.h., er trägt die Verantwortung dafür, dass er seine Pflichten gegenüber seinen Mitarbeitern erfüllt, wie ...
■ im Rahmen des Delegationsbereichs selbständig zu handeln und zu entscheiden, ■ den Vorgesetzten in außergewöhnlichen Fällen zu konsultieren, ■ den Vorgesetzten unaufgefordert über den delegierten Bereich zu informieren.	■ den Mitarbeitern Ziele setzen und die Schwerpunkte ihrer Tätigkeit bestimmen, ■ dafür zu sorgen, dass die ihm unterstellten Bereiche mit entsprechend qualifizierten Mitarbeitern besetzt werden, ■ die Mitarbeiter über alles informieren, was ihren Aufgabenbereich betrifft.
Handlungsverantwortung bedeutet, Verantwortung für die zielgerichtete Aufgabenerledigung und die Nutzung des abgesteckten Kompetenzbereichs zu übernehmen.	**Beachte:** Die Führungsverantwortung bleibt immer beim Vorgesetzten, d.h., sie ist **nicht** delegierbar!

? Welche Probleme/Fehler können beim Delegieren auftreten?

Probleme beim Delegieren können sowohl im Verhalten des Vorgesetzten wie auch im Verhalten des Mitarbeiters auftreten.

Probleme im Verhalten des Vorgesetzten	Probleme im Verhalten des Mitarbeiters
■ Willkürliches Eingreifen der Führungskraft in die delegierten Aufgaben	■ Rückdelegierung der Aufgabe an den Vorgesetzten
■ Unzulässiges Zurücknehmen der delegierten Aufgabe trotz guter Leistung des Mitarbeiters oder Vorgesetzter lässt Rückdelegation zu	■ Delegierte Aufgabe stellt eine Unter- oder Überforderung dar
■ Keine Bereitschaft zur Delegation; Glaube, dass man selbst besser und schneller die Aufgabe erledigt und somit kurzfristig Zeit spart bzw. Aufgabe wird selbst gerne erledigt, da sie begeistert	■ Mitarbeiter will keine Verantwortung tragen
	■ Mitarbeiter verlangt - aufgrund der höherwertigeren Aufgabe - mehr Lohn
■ Nicht delegierbare Aufgaben werden delegiert	
■ Kein Vertrauen in die Mitarbeiter	
■ Sorge, dass Delegation Autoritätsverlust bei den Mitarbeitern verursacht	
■ Angst vor Verlust der Kontrolle über die Arbeit (Machtverlust)	
■ Verteilen unzusammenhängender Einzelaufgaben	
■ Doppeldelegation	

Welche Ziele oder Vorteile verbinden der Vorgesetzte und der Mitarbeiter mit der Delegation?

Ziele des Vorgesetzten	Ziele des Mitarbeiters
■ Arbeitsentlastung → Möglichkeit, Prioritäten zu setzen → Mehr Zeit des Vorgesetzten für Führungsaufgaben	■ Selbstverwirklichung und Arbeitszufriedenheit
	■ Entwicklung von Eigeninitiative und Übernahme von Verantwortung
■ Förderung der Leistungsmotivation, Eigeninitiative und Verantwortungsbereitschaft des Mitarbeiters	■ Förderung seiner Fähigkeiten
	■ Unter Beweis stellen seiner Fähigkeiten und Fertigkeiten
■ Personalentwicklung der Mitarbeiter	■ Möglichkeit, auf sich aufmerksam zu machen im Hinblick auf den nächsten Karriereschritt

? Wie führt man inhaltlich ein Delegationsgespräch?

- Begründung der Auswahl des Mitarbeiters
- Beschreibung der Aufgabe, insbesondere mit den zu erwartenden Ergebnissen und Zielen
- Zeitrahmen, Terminstellung und Endtermin
- Rahmenbedingungen, Ressourcen und Budget
- Kompetenzen, Verantwortung und Handlungsvollmacht
- Informationsverlauf: Wie viel Feedback wird vom Mitarbeiter erwartet?
- Persönliche Unterstützung durch die Führungskraft zusagen, ermutigen und Vertrauen aussprechen (Wo braucht der Mitarbeiter Hilfe?)
  Aber: Rückdelegation verhindern!

Folgende W-Fragen müssen bei der Delegation geklärt werden:

W-Fragen	Erläuterung
Was soll delegiert werden? Was muss erledigt werden?	■ Um welche Aufgabe handelt es sich? Kurze Inhalts- bzw. Zielbeschreibung der Aufgabe ■ Welches Ergebnis muss erreicht werden?
Wer soll es tun?	■ Welche Person ist (fachlich und menschlich) am besten geeignet? ■ Wer arbeitet bei der Lösung der Aufgaben mit?
Warum soll es diese Person machen?	■ Welche Ziele sollen mit der Delegation der Aufgabe oder Tätigkeit erreicht werden? Was bringt es? Beispiel: Motivation, Lerneffekt ■ Wer muss über das Delegieren der Aufgabe informiert werden?
Wie soll es diese Person machen?	■ Welche Details, Vorschriften, Normen und Richtlinien sind zu beachten? ■ Wie sind die Befugnisse geregelt? ■ Welche Arbeitsmittel, Hilfsmittel und/oder Unterlagen benötigt der Mitarbeiter zur Lösung der Aufgabe? ■ Welche Zwischenschritte sind nötig?
Wann soll es diese Person machen? Wann soll es erledigt sein?	■ Wann muss mit der Arbeit begonnen werden? ■ Welche Zwischen- und Endtermine sind einzuhalten? ■ Wann muss kontrolliert werden?
Wie und wann soll diese Person darüber berichten?	■ Wer muss einen Bericht wann und in welcher Form erhalten?
Welche Risiken gibt es?	■ Welche Folgen hat es, wenn die Arbeit nicht oder unvollständig ausgeführt wird?

Management-by-Objectives MbO

DEFINITION ZIELVEREINBARUNGEN

Zielvereinbarungen sind verbindliche Absprachen zwischen zwei hierarchischen Ebenen für einen festgelegten Zeitraum über die zu erbringenden Leistungen und/oder zu erreichenden Wirkungen/Ergebnisse, über die hierzu bereitgestellten Ressourcen und über die Kontrolle der Zielerreichung.

Führen mit Zielvereinbarung = Management-by-Objectives (MbO)

MbO ist eine **ergebnisorientierte Methode**, die auf dem Ansatz der zielorientierten Unternehmensführung basiert und von Edwin A. Locke entwickelt wurde.

Die Unternehmensleitung formuliert ein strategisches Gesamtunternehmensziel. Daraus werden Unterziele abgeleitet und zwischen Mitarbeiter und Vorgesetzten vereinbart.

In welchen Schritten läuft der Zielableitungsprozess ab? **?**

Zielableitungsprozess:

Gesamtziele des Unternehmens

Die Gesamtziele des Unternehmens werden definiert.

Teilziele je Abteilung des Unternehmens

Die Unternehmensziele sollen auf die Abteilungen/Organisationseinheiten heruntergebrochen werden.

Die Führungsebenen erarbeiten zusammen mit der Unternehmensleitung Teilziele, die die jeweilige Führungskraft in ihrem Bereich realisieren soll.

Detaillierte Teilziele des einzelnen Arbeitsplatzes

Die Abteilungsziele werden zwischen Vorgesetztem und Mitarbeiter nach dem SMART-Prinzip konkretisiert.

Der Aufgabenbereich und die Verantwortung des Mitarbeiters wird, ausgehend von den detaillierten Teilzielen, die er erfüllen soll, festgelegt.

Durch regelmäßige und systematisch durchgeführte Kontrollen wird überprüft, ob das Ziel vom Mitarbeiter erreicht wurde. Wenn nicht, werden Maßnahmen eingeleitet, die die Zielerreichung ermöglichen, oder das Ziel angepasst.

? **Welche Grundregeln der Zielvereinbarung sind zu beachten?**

Grundregeln der Zielvereinbarung:

- Der Mitarbeiter muss wissen, was seine Ziele mit dem Erfolg des Unternehmens zu tun haben.
- Ziele müssen widerspruchsfrei (SMART) formuliert sein.
- Ziele müssen eine gewisse Beständigkeit aufweisen und dürfen nicht jährlich in eine neue Richtung gehen.
- Ziele müssen immer in Bezug zur konkreten Aufgabe des Mitarbeiters formuliert werden.
- Zielvereinbarungen müssen sich immer auf die wichtigsten Punkte konkretisieren.
- Ziele des Unternehmens, des Vorgesetzten und des Mitarbeiters müssen voneinander abhängen und aufeinander abgestimmt werden.

BEACHTE

Der **Betriebsrat** hat bei der Einführung von Zielvereinbarungen ein **Mitbestimmungsrecht** nach §§ 87 und 94 BetrVG.

? **Welche Hauptziele verfolgt Management-by-Objectives?**

Ziele des MbO:

- Umsetzen von strategischen Zielen des Gesamtunternehmens

  Grundsätzliches Ziel des MbO ist es, die strategischen Ziele des Gesamtunternehmens umzusetzen, indem im ersten Schritt Ziele für jede Abteilung/Organisationseinheit heruntergebrochen werden und diese dann im zweiten Schritt mit jedem Mitarbeiter nach dem Top-down-Prinzip vereinbart werden.

  → Jeder Mitarbeiter arbeitet im Sinne der Strategie des Gesamtunternehmens
  → Die Summe der Einzelziele ergeben die Unternehmensziele

- **Förderung der Leistungsmotivation, Eigeninitiative und Selbstregulierungsfähigkeit des Mitarbeiters**
  → Die Wahl der einzusetzenden Mittel zur Zielerreichung bleibt dem Mitarbeiter überlassen - die Zielerreichung ist der Erfolg
  → Der Mitarbeiter kann sich aktiv an der Zielfindung beteiligen
- **Objektive Beurteilung und leistungsgerechte Bezahlung,**
  da nicht die Tätigkeit der Mitarbeiter im Vordergrund steht, sondern die Ergebnisse der Tätigkeit;
  Zielvereinbarungen führen zu mehr Transparenz
- **Identifikation der Mitarbeiter mit den Unternehmenszielen,**
  da jeder Mitarbeiter seine tägliche operative Arbeit an diesen klar vereinbarten Zielen ausrichtet
- **Orientierung für den Mitarbeiter,**
  denn der Mitarbeiter weiß, wie seine Arbeit zum Erfolg des Unternehmens beiträgt

---

Welche Vor– und Nachteile bietet Management-by-Objectives?

Vorteile der Zielvereinbarung/ des Management-by-Objectives	Nachteile der Zielvereinbarung/ des Management-by-Objectives
■ Förderung der Eigeninitiative, Verantwortungsbereitschaft und Selbstregulierungsfähigkeit der Mitarbeiter	■ Schwierigkeiten und Konflikte bei der Zielvereinbarung und bei evtl. Zielanpassung
■ Höhere Motivation der Mitarbeiter durch persönliche Erfolgserlebnisse	■ Erhöhung des Leistungsdrucks auf den einzelnen Mitarbeiter
■ Partizipative Führung, Identifikation der Mitarbeiter mit den Unternehmenszielen	■ Benachteiligung qualitativer Ziele gegenüber quantitativen, denn der Schwerpunkt liegt auf quantifizierbaren Zielen
■ Mitarbeiter können ihr Handeln an klaren Zielen ausrichten.	■ Hoher Zeitaufwand
■ Mitarbeiter können dadurch objektiv beurteilt, leistungsgerecht bezahlt sowie effektiv gefördert werden.	■ Hoher formaler Aufwand (→ Papierkrieg)
■ Mehr Handlungsspielraum der Mitarbeiter bei der Erledigung der Aufgaben	■ Gefahr der Überschätzung des Mitarbeiters beim Zielvereinbarungsprozess
■ Mehr Entscheidungsspielraum für die Vorgesetzten	■ Misserfolgsmotivierung bei Nichterreichen der Ziele
■ Steigerung der Effizienz von Planung und Organisation im Unternehmen	■ Abhängigkeit von Zielen untereinander ist aufwändig zu koordinieren
■ Entlastung der Führungskräfte von Routinetätigkeiten	

Management-by-Exception MbE

Management-by-Exception = **Führen durch Ausnahmeregelungen,**

d.h., der Vorsetzte greift nur bei im Vorhinein festgelegten Ausnahmetatbeständen ein.

Die Mitarbeiter können innerhalb eines vorgegebenen Handlungs- und Kompetenzrahmens selbständig entscheiden. Überschreitet ein Vorgang den Handlungsrahmen des Mitarbeiters, hat er diesen Vorgang seinem Vorgesetzten zur Entscheidung vorzulegen, der in diesem Ausnahmefall in den Entscheidungsprozess eingreift. Ob ein Ausnahmefall vorliegt, bestimmt der Mitarbeiter.

Voraussetzung:

Vorhandensein von Informations-, Kontroll- und Berichtsystemen, die den **definierten Ausnahmefall** signalisieren.

 Welche Vor– und Nachteile bietet Management-by-Exception?

Vorteile des Management-by-Exception	Nachteile des Management-by-Exception
■ Entlastung des Vorgesetzten von Routineaufgaben durch Delegation von Entscheidungen und Verantwortung auf die jeweils nachfolgende Ebene ■ Förderung der Selbständigkeit der Mitarbeiter ■ Höhere Motivation und Zufriedenheit der Mitarbeiter ■ Geringerer Kontrollaufwand durch den Vorgesetzten	■ Schwierigkeiten bei der Festlegung der Toleranz-, Ermessens- und Ausnahmebereiche ■ Aufwändige Prozesse bei der Definition und Beschreibung von Ausnahmeregeln ■ Mitarbeiter können ihren Misserfolg verschleiern und lassen dadurch die Führungskräfte über den wirklichen Ist-Zustand im Unklaren ■ Demotivation, da der Vorgesetzte ausschließlich von Negativabweichungen erfährt ■ Eingreifen der Vorgesetzten erst bei nicht erreichten Erfolgskriterien und Zielen

Harzburger Modell

Das Harzburger Modell entstand in den 50er Jahren und ist in Deutschland die bekannteste kooperative, partnerschaftliche Führungskonzeption, die sich gegen die autoritäre, patriarchalische, auf Befehl und Gehorsam basierende Führung wendet.

Das Harzburger Modell betrachtet den Mitarbeiter als selbständig denkenden, handelnden und entscheidenden Menschen.

Der Mitarbeiter soll weitgehend eigenverantwortlich - innerhalb eines festumgrenzten Aufgabengebiets und eines klaren Kompetenzbereiches (Handlungsverantwortung) - entscheiden, wie er seine Aufgaben erledigt.

Aber:

Die **Kontrolle bleibt beim Vorgesetzten.**

Bausteine des Harzburger Modells:

Das Harzburger Modell ist eine **Kombination aus Management-by-Delegation und Management-by-Exception:**

- Konsequente Delegation von Aufgaben, Kompetenzen und Verantwortung
- Mitarbeiter hat die Handlungsverantwortung
- Vorgesetzter trägt die Führungsverantwortung
- Mitarbeiter ist verpflichtet, auftretende Abweichungen an den Vorgesetzten zu melden, damit dieser eingreifen kann

5.1.1 Ziele und Aufgaben von Führungskräften

DEFINITION FÜHRUNGSKRÄFTE

Als Führungskräfte werden Personen im Unternehmen bezeichnet, welche Mitarbeiter führen, unternehmensrelevante Entscheidungen treffen und deren Umsetzung steuern. Führungskräfte besitzen aufgrund rechtlicher oder organisatorischer Regelung Entscheidungs– und Anordnungsbefugnisse und haben damit die Befugnis, anderen Personen verpflichtende Weisungen zu erteilen.

Welche Ziele haben Führungskräfte? **?**

Das wichtigste Ziel der Führungskraft ist es, die Mitarbeiter zu einem verbindlichen zielorientierten Verhalten zu veranlassen.

Ökonomische Ziele	Erreichen der betrieblichen Ziele
	wie Wirtschaftlichkeit, Rentabilität, Gewinnstreben, Liquidität, Steigerung der Marktanteile, Bereithalten einer ausreichenden Liquidität
	= Betrieblicher Aspekt
Soziale Ziele	Berücksichtigung der Erwartungen und Interessen der Mitarbeiter
	wie Zufriedenheit, gutes Betriebsklima, Arbeitsplatzsicherheit, Entfaltung, Gesundheitsschutz, Weihnachtsgeld
	= Mitarbeiteraspekt

Die Führungskraft hat zudem drei grundlegende Führungsfunktionen zu erfüllen:

1. Die Lokomotionsfunktion,
2. die Motivationsfunktion und
3. die Kohäsionsfunktion.

Lokomotion	Förderung der Aufgabenerfüllung und Zielerreichung
	→ Sachbezogene Ausrichtung der Mitarbeiter auf die Ziele
Motivation	Schaffung einer individuellen Bereitschaft zum Handeln
Kohäsion	Förderung der Integration und des Zusammenhalts der Gruppe
	→ Sicherung des Zusammenhalts zwischen Vorgesetztem, Mitarbeiter und Mitarbeitergruppe

? **Welche typischen Aufgaben haben Führungskräfte?**

Die Aufgabe der Führungskraft ist es, die **Mitarbeiter zu führen**, zu motivieren, zu entwickeln, sowie Ziele zu definieren, Aufgaben zu delegieren und als Multiplikator für die Kommunikation der Unternehmensaufgaben zu dienen.

Daneben ist eine Führungskraft für **administrative Aufgaben** zuständig, wie Mitarbeitergespräche, Zielvereinbarungen, Bewerbungsgespräche, Erstellen von Arbeitszeugnissen, Kündigungsgespräche etc.

Die wichtigsten Aufgaben der Führungskraft sind:

■ **Organisieren und koordinieren**

Führungskräfte organisieren und koordinieren ihre Mitarbeiter, die Aufgaben, die Prozesse und die Rahmenbedingungen so, dass die Unternehmensaufgaben in bestmöglicher Weise erfüllt werden.

■ **Ziele finden und setzen**

Um ein Unternehmen zum Erfolg zu führen, sind Ziele sehr wichtig.

Ziele informieren, motivieren und machen das Ergebnis kontrollierbar. Die Mitarbeiter wissen, woran ihre Leistung gemessen wird, sie wissen, was sie zu tun haben und welches Ergebnis von ihnen erwartet wird. Die Führungskraft muss Ziele zusammen mit dem Mitarbeiter schriftlich SMART vereinbaren und die Durchführung kontrollieren.

- **Strategisch denken und handeln**

  Die Führungskraft muss ihr Handeln am Unternehmenserfolg ausrichten.

- **Planen, entscheiden, anordnen**

  Gute Führungskräfte treffen Entscheidungen erst, nachdem sie das Problem und das Ziel definiert sowie alternative Lösungen entwickelt, bewertet und ausgewählt haben.

  Entscheidungen müssen in jedem Fall klar und berechenbar sein.

- **Kontrollieren, messen, beurteilen**

  Der Zweck einer Kontrolle ist es, Soll und Ist miteinander zu vergleichen, um optimale Arbeitsergebnisse zu erreichen.

  Kontrolle hilft, Fehlentwicklungen rechtzeitig zu erkennen und zu korrigieren.

- **Mitarbeiter fördern, beurteilen, Feedback geben**

  Die Führungskräfte müssen den Mitarbeitern Rückmeldung zu Arbeitsergebnissen geben, gute Leistungen angemessen anerkennen, aber auch sachliche Kritik üben.

- **Delegieren**

  Führungskräfte müssen Aufgaben, Befugnisse und Verantwortung an ihre Mitarbeiter delegieren und sie bei ihren Aufgaben unterstützen.

- **Mitarbeiter motivieren**

  Motivierte Mitarbeiter arbeiten effizienter und erfolgreicher.

- **Information**

  Führungskräfte müssen ihre Mitarbeiter rechtzeitig und umfassend informieren.

- **Kommunikation**

  Aktive und offene Kommunikation ist nötig, um Kreativität und Wissenstransfer zu fördern.

- **Zusammenarbeit mit den Mitarbeitern**

  Um eine gute Zusammenarbeit zu gewährleisten, muss die Führungskraft ihren Mitarbeitern vertrauen und transparent kommunizieren.

- **Probleme erkennen, Konflikte lösen, Mitarbeiter bei Problemen unterstützen**

  Führungskräfte sollen sich Konflikten stellen und Lösungen erarbeiten.

- **Weiterbildung organisieren**

  Da die Anforderungen an die Unternehmen permanent steigen, ist es eine unverzichtbare Aufgabe von Führungskräften, für die zielgerichtete Weiterentwicklung ihrer Mitarbeiter zu sorgen.

  Nur gut aus- und fortgebildete Mitarbeiter können sich ihrer beruflichen Herausforderung stellen.

- **Verantwortung übernehmen**

- **Sicherung des Gruppenzusammenhaltes (= Kohäsion)**

- **Das Unternehmen nach innen und außen präsentieren**

- **Beraten und coachen, Visionen setzen und Vorbild sein**

? Welche Grundeigenschaften sollte eine erfolgreiche Führungskraft besitzen?

- Fachliche Autorität
- Gerechtigkeit
- Teamgeist
- Entscheidungsfähigkeit
- Führungseigenschaften
- Einfühlungsvermögen
- Organisationstalent
- Wirtschaftliches Denken

- Verhandlungsgeschick
- Initiative/Einsatzfreude
- Durchsetzungsfähigkeit
- Kreativität, Flexibilität
- Ausdauer, Belastbarkeit
- Analytisches Denken
- Berechenbarkeit, Kritikfähigkeit
- Positive Ausstrahlung

? Welche Erwartungen haben Mitarbeiter an die Führungskräfte?

- Fach- und Sozialkompetenz
- Gerechte Behandlung und Arbeitsverteilung
- Bereitschaft zu kooperativer Arbeitsweise
- Einfühlungsvermögen (= Empathie)
- Urteilsvermögen
- Gerechte Leistungsbeurteilung
- Gerechte Entlohnung
- Berufserfahrung
- Vertretung der Interessen nach "außen"
- Klare Zielsetzung

- Bereitschaft, Probleme und Konflikte anzusprechen und helfen, sie zu lösen
- Einsatz für den Mitarbeiter und Festhalten an Entscheidungen für die Mitarbeiter
- Transparenz und Informationsfluss
- Gutes Betriebsklima fördern
- Führungskompetenz
- Bereitschaft zur Delegierung und zur Übertragung von Verantwortung
- Mitarbeitermotivation
- Respekt und Wertschätzung

? Wie kann die Führungskraft den an sie gestellten Erwartungen gerecht werden?

Die Führungskraft kann den an sie gestellten Erwartungen gerecht werden, indem sie

- sich selbst und die eigene Rolle als Vorbild an- und ernstnimmt,
- ihre persönlichen Stärken kennt, und lernt, mit ihren Unzulänglichkeiten umzugehen,
- Selbstreflektion übt und bereit ist, diese Erkenntnisse umzusetzen, z.B. durch das Einleiten von Verhaltensänderungen,

- mit Stress umgehen kann,
- ein positives Menschenbild hat,
- ihren Mitarbeitern vertraut und bereit ist, ihnen Verantwortung abzugeben,
- Probleme offen anspricht und diese im Team löst,
- ehrliche Anerkennung, Wertschätzung und offenes Feedback gibt,
- offen für Kritik ist und eigene Fehler eingesteht,
- es schafft, die Mitarbeiter für die Zukunft zu begeistern,
- stärken- anstatt schwächenorientiert ist,
- den freien und direkten Austausch von Meinungen und Mitwirkung ihrer Mitarbeiter gezielt fördert und
- optimale Bedingungen schafft wie z.B. ein positives Betriebsklima, in dem sich ihre Mitarbeiter wohl fühlen und es dem Unternehmen mit guten Leistungen, Kreativität, Motivation und Loyalität danken.

Welche Fehler unterlaufen Führungskräften in ihrem Führungsverhalten?

Typische Fehler von Führungskräften im Führungsverhalten:

- Ungenügende oder schlechte Information und Kommunikation,

  wie fehlende, zeitlich zu späte, nicht genügend umfangreiche Information; inhaltlich unrichtige oder unvollständige Information; unverständliche Kommunikation; unklare Anweisungen etc.

  Nur informierte Mitarbeiter können zielgerichtet mitarbeiten und mitdenken. Daher muss die Führungskraft ihren Mitarbeitern die notwendigen Informationen zur mittelbaren und unmittelbaren Arbeitserledigung geben und offen kommunizieren.

  Wichtig: Wo Informationen fehlen, wachsen Gerüchte, aber auch Demotivation.

- Unpassender Führungsstil

  Führungsstile sollen Mitarbeiter zu einem zielorientierten Verhalten veranlassen. Daher muss sich die Führungskraft immer die Frage stellen, welcher Führungsstil für die Situation bzw. für die Lösung des Problems passend ist.

  Hinweis:

  Unterschiedliche Situationen und unterschiedliche Reifegrade der Mitarbeiter erfordern unterschiedliche Arten der Führung.

  Bsp.: Einen hochmotivierten und engagierten Mitarbeiter kann man mit einem autoritären Führungsstil regelrecht ausbremsen.

- Konflikten ausweichen

  Konflikte, die ungelöst bleiben, gären vor sich hin. Die Arbeitsatmosphäre wird vergiftet und Fronten verhärten sich. Daher muss die Führungskraft bei Konflikten sofort eingreifen und diese regeln.

- Fehlende Anerkennung der Mitarbeiter und unzureichendes Feedback

  Das Engagement und die gute Leistung der Mitarbeiter muss beachtet und geschätzt werden. Zudem wollen Mitarbeiter wissen, woran sie sind. Bekommen sie kein Feedback, egal ob positives oder negatives, dann stellt sich bei ihnen auch kein Lerneffekt ein.

- **Unklare Delegation oder Fehler bei der Delegation**

  Beim Delegieren können viele Fehler auftreten, wie willkürliches Eingreifen der Führungskraft, Rückdelegation, Delegieren von nicht-delegierbaren Aufgaben, Doppeldelegation etc.

  Die Führungskraft muss dem Mitarbeiter einen klar abgegrenzten Aufgabenbereich mit entsprechender Verantwortung und Kompetenz übertragen.

- **Ständige Kontrolle der Mitarbeiter - Kontrollwahn**

  In jeder Organisation müssen Kontrollen durchgeführt werden, insbesondere um das Erreichen der Ziele sicherzustellen. Aber, kontrollieren Vorgesetzte jeden Arbeitsschritt ihrer Mitarbeiter, wirkt sich das negativ auf die Mitarbeiter aus, denn dies signalisiert, dass die Führungskraft dem Mitarbeiter nicht traut bzw. vertraut. Kontrollwahn fördert Unsicherheit, Demotivation und Missmut bei den Mitarbeitern.

  Besser: So viel Vertrauen wie möglich - so wenig Kontrolle wie nötig!

- **Sich vor Entscheidungen drücken**

  Entscheidungen zu treffen fällt nicht immer leicht. Besonders, wenn es um heikle Themen geht oder weitreichende Konsequenzen damit verbunden sind. Aber, die Führungskraft wird dafür bezahlt, dass sie Entscheidungen trifft. Ein nicht entscheidungsfreudiger Chef verunsichert und frustriert seine Mitarbeiter.

- **Sich unfair und ungerecht verhalten**

  Fairness ist eine wichtige Basis für gute Unternehmenskultur. Unfaires Verhalten führt zu Frust und Demotivation bei den Mitarbeitern.

- **Nicht zu seinem Wort stehen - fehlende Glaubwürdigkeit**

  Glaubwürdigkeit bedeutet, dass das was man sagt und das was man tut, dasselbe ist. Glaubwürdigkeit entsteht also dadurch, dass die Führungskraft das hält, was sie verspricht und das, was sie sagt, auch tut. Damit bildet sie Verlässlichkeit und Vertrauen.

  Mitarbeiter erwarten zu Recht, dass ihre Vorgesetzten ihre Verpflichtungen einhalten und Aussagen und Handeln in Übereinstimmung miteinander stehen.

- **Mitarbeiter über- oder unterfordern**

  Unterforderung und Überforderung führt i.d.R. zu Stress, Müdigkeit, Demotivation, Magenschmerzen, Gereiztheit, Schlafstörungen bis hin zu Depressionen bei den Mitarbeitern.

  Daher muss die Führungskraft dafür sorgen, dass ihre Mitarbeiter weder über- noch unterfordert werden. Eine Balance zwischen Routinetätigkeiten und anspruchsvollen, fordernden Aufgaben ist zu beachten.

- **Führungskraft hat "Lieblinge", also Mitarbeiter, die sie bevorzugt**

  Folge: "Nicht-Lieblinge" fühlen sich ungerecht behandelt und nicht wertgeschätzt, was i.d.R. zu mangelnder Loyalität und Produktivität sowie negativem Betriebsklima führt.

- **Unklare Ziele**

  Mitarbeiter müssen ihre Kräfte fokussieren können und wissen, was sie tun müssen. Die Führungskraft muss daher die Ziele "smart" formulieren.

- **Nicht erkennen von Talenten und Potenzialen der Mitarbeiter**

  Gute Mitarbeiter, die sich in ihren Stärken nicht erkannt fühlen, ihr Potenzial nicht ausschöpfen können und/oder keine Entwicklungsmöglichkeiten haben, sind frustriert. Demotivation und Leistungsabfall sind hier vorprogrammiert.

Welche unterschiedliche Rollen nimmt die Führungskraft ein? **?**

Die Führungskraft bewegt sich in unterschiedlichen Rollen, an welche jeweils spezifische Erwartungen geknüpft sind.

Für ein erfolgreiches Handeln der Führungskraft ist es wichtig für sie zu erkennen, in welcher Rolle sie sich gerade befindet und welches Verhalten von ihr gefragt ist.

Vorgesetzter	Als Vorgesetzter hat die Führungskraft Weisungs– und Kontrollbefugnisse. Als Vorgesetzter vereinbart sie mit ihren Mitarbeitern Ziele und Aufgaben, plant, organisiert, kontrolliert und trägt Entscheidungsverantwortung.
Trainer/ Coach	Als Coach begleitet sie ihre Mitarbeiter bzw. ihre Teams bei der Realisierung eines Anliegens oder der Lösung eines Problems. Durch den Gesprächsprozess wird der Mitarbeiter/das Team zu einem selbstgefundenen oder selbstentwickelten Lösungsweg hingeführt (= Hilfe zur Selbsthilfe). Daneben begleitet sie als Coach die individuelle Entwicklung der Mitarbeiter. Sie hilft bei der Entfaltung persönlicher Ressourcen, fördert und fordert, berät und gibt Feedback.
Moderator	Als Moderator steuert sie den Prozess, z.B. indem sie Diskussionen anregt, Konflikte managt, den Überblick hat und das Ziel nicht aus den Augen verliert. Dabei bleibt sie allparteilich.
Koordinator/ Vermittler	Die Führungskraft vermittelt als neutrale Person zwischen ihren Mitarbeitern z.B. bei Konflikten, sowie zwischen den Abteilungen.
Vorbild	Die Führungskraft muss ein Vorbild für ihre Mitarbeiter sein. Daher ist es wichtig, dass sie fachlich und sozial kompetent ist, um positive Verhaltensweisen vorzuleben.
Fachmann/ Experte	Als Fachmann verfügt die Führungskraft über Fachkenntnisse, die sie weitergibt.
Motivator	Der Motivator motiviert seine Mitarbeiter im Hinblick auf die Aufgabenstellung. Neben einem ausgeprägten Einfühlungsvermögen (= Empathie) in gruppendynamische Vorgänge, muss die Führungskraft eine hohe Motivations- und Aktivierungsfähigkeit im Hinblick auf die Gruppenleistung aufweisen.

5.1.2 Führungsstile

DEFINITION FÜHRUNGSSTIL

Führungsstil ist die Grundhaltung und das sich daran orientierende Verhaltensmuster, mit denen jemand seine Führungsaufgaben, bezogen auf andere Personen oder Gruppen, wahrnimmt.

Quelle: Birker, Klaus: Führung. Entscheidung, 1997

Unter Führungsstil versteht man ein langfristiges, relativ stabiles, von der Situation unabhängiges Verhaltensmuster der Führungsperson, das zugleich die Grundeinstellung gegenüber den Mitarbeitern zum Ausdruck bringt.

Quelle: Staehle, Conrad, Sydow; Management, 1999

Hinweise:

- Der Führungsstil kann also gleichgesetzt werden mit dem Führungsverhalten, das durch eine einheitliche Grundhaltung (wie Werte, Normen, Grundsätze) gekennzeichnet ist.

- Grundsätzlich sind Führungsstile auf den Erfolg ausgerichtet. Es geht darum, Mitarbeiter zu einem zielorientierten Verhalten zu veranlassen, sodass die betrieblichen Ziele erreicht werden.

Folgende Führungsstile sind zu unterscheiden:

Führungsstil	Erläuterung	Beispiele
Eindimensionaler Führungsstil	Ein Führungsstil ist eindimensional, wenn zur Beschreibung und Beurteilung von Führungsverhalten nur ein Leitkriterium herangezogen wird.	Hierzu gehören die klassischen Führungsstile: ■ **autoritär** ■ **kooperativ** ■ **laissez-faire**
Zweidimensionaler Führungsstil	Beim zweidimensionalen Führungsstil wird unterschieden zwischen Mitarbeiterorientierung (→ „Mensch") und Sachorientierung (→ „Sache").	Am bekanntesten ist das **Managerial Grid** (= Verhaltensgitter) von Blake und Mouton
Dreidimensionaler Führungsstil	Beim dreidimensionalen Führungsstil wird unterschieden zwischen ■ Mitarbeiterorientierung, ■ Sachorientierung **und** ■ effektivitätsorientierter Führung.	Die Führungskraft wählt ihren **situativen Führungsstil** abhängig ...

Führungsstil	Erläuterung	Beispiele
Dreidimensionaler Führungsstil (Forts.)	Grundvoraussetzung des dreidimensionalen Führungsstils ist die Fähigkeit der Führungskraft, verschiedene Situationen wahrzunehmen, zu beurteilen und ihr Führungsverhalten situativ und in angemessener Art und Weise zu verändern.	■ von ihrer eigenen Persönlichkeit und ihren bisherigen Erfahrungen, ■ vom „Reifegrad", der Motivation und der Persönlichkeit des Mitarbeiters (Leistungsfähigkeit, Leistungsbereitschaft und Motivation des Mitarbeiters), ■ von der betrieblichen Aufgabe und ■ von der betrieblichen Situation.

Eindimensionale Führungsstile

Zu den eindimensionalen Führungsstilen gehören die klassischen Führungsstile nach Kurt Lewin (1890-1947):

1. Autoritärer Führungsstil
2. Kooperativer Führungsstil
3. Laissez-faire Führungsstil

Autoritärer Führungsstil	■ Der Vorgesetzte entscheidet, verteilt Aufgaben, setzt Ziele und kontrolliert; der Mitarbeiter führt aus. ■ Die Entscheidung trifft die Führungskraft ganz allein, ohne Einbeziehung der Mitarbeiter. ■ Von seinen Untergebenen erwartet der Vorgesetzte nahezu bedingungslosen Gehorsam und duldet keinen Widerspruch oder Kritik (Befehls– und Gehorsamkeitsgefüge). ■ Der Vorgesetzte bestimmt und lenkt die Aktivitäten der Mitarbeiter, er verteilt die Arbeit und bildet Arbeitsgruppen. ■ Erfüllung der Aufgaben durch den Mitarbeiter nach Vorschrift. Ideen des Mitarbeiters sind nicht erwünscht. ■ Alle Informationen bündeln sich bei der Führungskraft. ■ Bei Fehlern wird bestraft, statt zu helfen. ■ Die Führungskraft nimmt nicht am Arbeitsprozess teil. ■ Die Führungskraft hat **Macht über die Gruppe.**

Kooperativer Führungsstil	■ Die Führungskraft bezieht ihre Mitarbeiter in das Betriebsgeschehen mit ein.
	= Führen durch Zusammenarbeit, **Macht mit der Gruppe.**
	■ Vorgesetzter und Mitarbeiter sehen sich als Partner, Zusammenarbeit ist geprägt von Vertrauen, Einsicht, Verantwortung und Kontakt.
	■ Ziele sind das Ergebnis einer Gruppenentscheidung, unterstützt durch die Führungskraft.
	■ Betriebliche Aktivitäten und Vorgehensweisen werden in der Gruppe abgestimmt; der Mitarbeiter wird in die Entscheidungsprozesse miteinbezogen.
	■ Bei Fehlern wird i.d.R. nicht bestraft, sondern geholfen; der Vorgesetzte strebt nach objektiven Maßstäben der Kritik.
Laissez-faire Führungsstil	■ laissez-faire (franz.) = sie machen lassen
	■ **Laut IHK:** „Gleichgültigkeitsführungsstil", d.h., die Führungskraft kümmert sich um nichts und hält sich raus.
	■ Völlige Freiheit für Einzel– oder Gruppenentscheidung.
	■ Es findet keine Führung statt, die Mitarbeiter bestimmen ihre Arbeit, die Aufgaben und die Organisation selbst.
	■ Beteiligung der Führungskraft erstreckt sich auf das Zur-Verfügung-Stellen von Arbeitsmaterialien und Informationen.
	■ Der Vorgesetzte greift nicht in das Geschehen ein, er hilft oder bestraft auch nicht.
	■ Keine Steuerung, Intervention, Beurteilung oder Bewertung der Gruppenarbeit.
	■ Passive Rolle der Führungsperson, die Mitarbeiter sind sich selbst überlassen.
	■ Freie Hand für das selbstverantwortliche Tun.
	■ Förderung von Kreativität und individuellem Arbeiten.

? Welche Merkmale haben die klassischen Führungsstile (autoritärer Führungsstil, kooperativer Führungsstil und laissez-faire Führungsstil)?

	Autoritärer Führungsstil	Kooperativer Führungsstil	Laissez-faire Führungsstil
Beziehung zur Führungskraft	Distanz Alleinentscheidung des Vorgesetzten, wer welche Aufgaben durchzuführen hat	Kontakt, Zusammenarbeit Wissen, dass jede Gruppe auf Zusammenarbeit und gemeinschaftliches Wirken angewiesen ist	Kontakt

142

	Autoritärer Führungsstil	Kooperativer Führungsstil	Laissez-faire Führungsstil
Auftreten der Führungskraft	■ Betonung der Position, befehlend, auf Macht bedacht ■ Anwenden von imperativen oder manipulierenden Methoden ■ Entscheidungen werden ohne die Gruppe getroffen, Alleinentscheidungsgewalt → **Macht über die Gruppe**	"bescheiden", loyal, überzeugend, motivierend, Zulassen von Diskussionen, moderierendes Lösen von Konflikten → **Macht mit der Gruppe**	Auf Führung wird weitgehend verzichtet
Motive des Handelns bei den Mitarbeitern	Zwang zur Pflichterfüllung, Ergebenheit, Gehorsam	Einsicht, Verantwortung, Selbständigkeit, Eigenständigkeit, kritisches Denken	Verantwortung und Selbständigkeit werden übernommen
Bei den Mitarbeitern erzeugtes Klima	Angespannt, ängstlich, misstrauisch	Vertrauensvoll, gelöst	Freie Hand für das selbstverantwortliche und eigenständige Tun, Förderung von Kreativität und individuellem Arbeiten
Grundeinstellung der Mitarbeiter	Teilweise unfreiwillige Einordnung bzw. Unterordnung	Freiwillige Einordnung und aktive Beteiligung an Prozessen	Freiräume oder Überforderung

	Vorteile	Nachteile
Autoritärer Führungsstil	■ Rasche Durchsetzung von allein getroffenen Entscheidungen (→ rasche Entscheidungsgeschwindigkeit) ■ Übersichtlichkeit der Kompetenzen und dadurch Klarheit der Entscheidungsgewalt ■ Gute Kontrolle ■ Ideal bei Gefahrensituationen ■ Klare Regeln und Vorgaben ■ Erzielen von termingerechten Arbeitsergebnissen durch eine dichte Kontrolle ■ Schnelle Handlungsfähigkeit ■ Klare Verantwortung	■ Mangelnde Motivation der Mitarbeiter ■ Mitarbeiter werden unselbständig ■ Gruppe ohne Führung fällt auseinander ■ Misstrauen ■ Negatives Menschenbild ■ Schlechtes Arbeitsklima ■ Kein Raum für Eigeninitiative oder innovatives Verhalten der Mitarbeiter ■ Höheres Risiko auf Fehlentscheidungen, da die Entscheidungsgewalt ausschließlich bei der Führungskraft liegt ■ Bedürfnisse der Mitarbeiter spielen keine Rolle ■ Kompetenzen der Mitarbeiter werden nicht ausgeschöpft ■ Mitarbeiter haben keine Notwendigkeit, sich eigene Gedanken zu machen oder selbst initiativ zu werden
Kooperativer Führungsstil	■ Ausgewogene fachgerechte Entscheidung auf breiter Basis ■ Hohe Motivation der Mitarbeiter ■ Förderung der Leistungsfähigkeit und höherer Selbständigkeit ■ Entlastung des Vorgesetzten ■ Höhere Identifikation mit dem Unternehmen ■ Besseres Betriebsklima durch offene Kommunikationsstrukturen ■ Indirekte Personalentwicklung ■ Besseres Verständnis über die Zusammenhänge ■ Verminderung des Risikos von Fehlentscheidungen	■ Entscheidungsgeschwindigkeit ist eventuell verlangsamt bzw. verzögert, da Entscheidungen erarbeitet werden müssen → langwieriger Entscheidungsprozess ■ Evtl. höhere Kosten durch höheren Zeitaufwand ■ Evtl. kann die Konkurrenz der Mitarbeiter untereinander zu Problemen führen ■ Evtl. Durchsetzungsschwierigkeiten des Vorgesetzten gegenüber seinen Mitarbeitern ■ Gefahr von Kumpanei ■ Gefahr von Autoritätsverlust

	Vorteile	Nachteile
Laissez-faire (liberaler) Führungsstil	■ Gewährung eines hohen Freiheitsgrades ■ Eigenständige Arbeitsweise der Mitarbeiter ■ Mitarbeiter können ihre Entscheidungen eigenständig und individuell treffen ■ Mitarbeiter können ihre persönlichen Stärken einbringen ■ Förderung von Kreativität und individuellem Arbeiten → geeignet bei Kreativ-Arbeiten und Forschung	■ Gefahr mangelnder Disziplin und Unordnung ■ Kompetenzstreitigkeiten, Rivalitäten ■ Gefahr, dass schlechtere Gruppen auf der Strecke bleiben oder in unkoordinierte Einzelinteressen zerfallen ■ Mitarbeiter können Führungskraft als unfähig ansehen ■ Motivationsabnahme aufgrund fehlendem Feedback ■ Fehlende Strukturen, Desorientierung

Zweidimensionale Führungsstile

Ab den 50er Jahren wurden die Verhaltensansätze in zweidimensionale Modelle differenziert, und zwar in den **aufgaben- und in den mitarbeiterorientierten Führungsstil.**

Der bekannteste zweidimensionale Führungsstil ist das **Grid-Verhaltensgitter (= Managerial Grid)** nach Blake und Mouton.

Aufgabenorientierter Führungsstil	Mitarbeiterorientierter Führungsstil
Die **optimale Erfüllung der Ziele,** also die Aufgaben im Arbeitsprozess stehen im Vordergrund.	Schwerpunkt liegt im zwischenmenschlichen Bereich, d.h., die **Bedürfnisse und Erwartungen der Mitarbeiter** stehen im Vordergrund, z.B. Faktoren der Achtung und Wärme.
Aufgabenorientiert führt, wer dem Mitarbeiter sagt, was zu tun ist, wie es zu tun ist, wann es zu tun ist, wo es zu tun ist, wer es zu tun hat und bis wann es zu erledigen ist.	Beziehungsorientiert führt, wer dem Mitarbeiter zuhört, ihn ermutigt, ihn fördert, klarstellt, mit dem Mitarbeiter spricht und ihm Verständnis zeigt.
Beispiele: ■ Wert auf die Arbeitsmenge legen ■ Mangelhafte Arbeit tadeln ■ Langsam arbeitende Mitarbeiter darauf aufmerksam machen, sich mehr zu bemühen ■ Sich von leistungsschwachen Mitarbeitern schnell trennen	Beispiele: ■ Auf das Wohlergehen der Mitarbeiter achten ■ Die Mitarbeiter gleichberechtigt behandeln ■ Die Mitarbeiter unterstützen ■ Sich um ein gutes Verhältnis zu den Mitarbeitern bemühen ■ Sich für die Mitarbeiter einsetzen

Das Grid-Verhaltensgitter bzw. Managerial Grid nach Blake und Mouton beruht auf Forschungsergebnissen der US-amerikanischen Ohio State University und wurde 1964 im Rahmen eines Führungstrainings für das Unternehmen Exxon Mobil von Robert R. Blake und Jane Mouton entwickelt.

- Es zeigt, dass Aufgaben einer Führungskraft sowohl eine Aufgaben- wie auch eine Mitarbeiterorientierung haben können.

- Das Führungsverhalten hängt stark von der individuellen Persönlichkeit ab.

- Durch geeignete Schulungen kann das Führungsverhalten optimiert werden, ist aber nicht beliebig veränderbar.

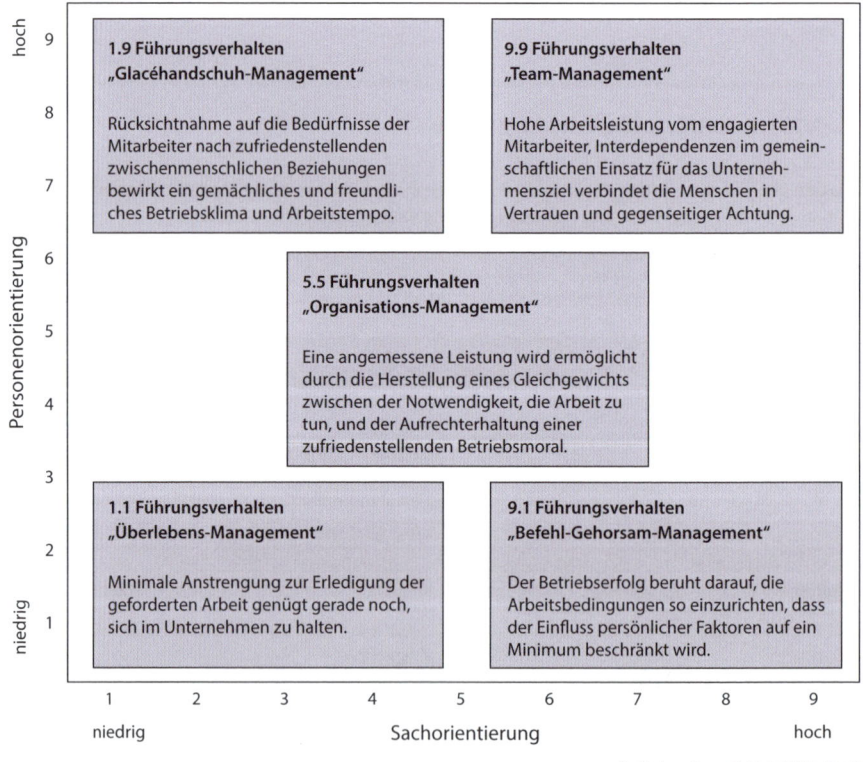

Quelle: Jung, Personalwirtschaft, München 2003

Abb.: Grid-Verhaltensschema nach Blake und Mouton

Erläuterung:

Das Managerial Grid besteht aus folgenden zwei Achsen:

1. **Ordinate (y-Achse)** des Koordinatensystems: **Mitarbeiter- bzw. Personenorientierung**
2. **Abszisse (x-Achse)** des Koordinatensystems: **Sachorientierung**

Unterteilt man nun diese beiden Achsen des Koordinatensystems in jeweils neun „Intensitätsgrade", so ergeben sich insgesamt 81 Ausprägungen des Führungsstils.

- **1,1-Führungsstil:**
  Sehr schwache Einflussnahme der Führungskraft

- **9,1-Führungsstil:**
  Stark aufgabenorientierte, autoritäre Führung, „Befehl"

- **1,9 Führungsstil:**
  Die Belange der Mitarbeiter stehen im Vordergrund, „Glacéhandschuhe"

- **5,5-Führungsstil:**
  Balance beider Orientierungen in einem Kompromiss aus Aufgaben- und Personenorientierung

- **9,9-Führungsstil:**
  Die Beziehungen sind durch Vertrauen und Respekt geprägt, „Partizipation"

Das **Ziel** ist, ein maximales Leistungsergebnis bei bestmöglicher Berücksichtigung der menschlichen Aspekte zu erreichen.

BEACHTE

Der ideale und effektivste Führungsstil nach Blake und Mouton stellt der **9.9-Stil** (= hohe Sach– und Menschorientierung) dar.

Dreidimensionale Führungsstile

Beim dreidimensionalen Führungsstil kommt zu den Dimensionen Aufgaben- und Beziehungsorientierung eine dritte Dimension dazu, und zwar die effektivitätsorientierte Führung. Darunter versteht man die **Fähigkeit der Führungskraft, ihren Stil an die gegebene Situation anzupassen.**

Was versteht man unter situativem Führen?

DEFINITION SITUATIVES FÜHREN

Situatives Führen bedeutet, dass die Führungskraft in unterschiedlichen Situationen ein angemessenes Führungsverhalten zeigt. Die Führungskraft beweist damit, dass sie je nach Situation erkennt, wie die betreffenden Mitarbeiter zu führen sind.

BEACHTE

■ Der situative Führungsstil ist <u>kein</u> eigener Führungsstil.

■ Das situative Führen geht von der Prämisse aus, dass es in der Praxis weder einen „Königsweg" der Führung noch einen optimalen, einzig richtigen Führungsstil gibt.

Hinweis:

Der große Vorteil des situativen Führens ist, dass die Fähigkeiten der Mitarbeiter je nach Anforderung umfassend genutzt und erweitert werden.

 Von welchen Faktoren hängt der „richtige" Führungsstil ab?

Von folgenden Faktoren hängt der „richtige" Führungsstil ab:

1. Führungskraft

■ Persönlichkeit der Führungskraft?

■ Ist die Führungskraft sach- oder mitarbeiterbezogen? Autoritär oder kooperativ?

■ Welche Erfahrungen hat die Führungskraft bisher gemacht?

■ Kennt die Führungskraft die Stärken und Schwächen ihrer Mitarbeiter?

2. Situation

■ Ausnahmesituation oder Normalsituation?

■ Unternehmensphilosophie, Führungskultur

■ Personalsituation, Zeitaspekt, zur Verfügung stehende Kapazitäten, interne Strukturen, Arbeitsregeln, Vorgaben etc.

- Allgemeines Problem:
  Die „Situation" ist keine Konstante, sondern das Führungsverhalten wirkt auf die Situation zurück.

3. Aufgabe

- Repetitive oder kreative Aufgabe?
- Komplexität der Aufgabe?
- Besonderheit der Aufgabe?

4. Mitarbeiter/Gruppe

- „Reifegrad" und Persönlichkeit des Mitarbeiters,
  d.h., Eigenmotivation; Bereitschaft, Verantwortung zu übernehmen, sich selbst Ziele zu setzen, Leistungsbereitschaft und Leistungsfähigkeit
- Will der Mitarbeiter autoritär oder kooperativ geführt werden?
- Erfahrung des Mitarbeiters

Hinweis:

Der in einem Unternehmen praktizierte Führungsstil beeinflusst die Einstellung der Mitarbeiter zur Arbeit und damit ihr Arbeitsverhalten und ihre Leistungswilligkeit.

Aber:

Es gibt in der Praxis weder gute noch schlechte Führungsstile oder den einzig richtigen oder falschen Stil. Wichtig ist, dass die Führungskraft nicht nach „Schema F", sondern situativ führt, d.h., **unterschiedliche Situationen erfordern unterschiedliche Arten von Führung.**

Beispiele:

- Einen hoch motivierten und engagierten Mitarbeiter kann man mit einem autoritären Führungsstil regelrecht ausbremsen.
  Konsequenz:
  Große Kompetenz der Mitarbeiter und hohe Motivation sprechen für einen delegierenden Führungsstil.
- Einen unsicheren oder demotivierten Mitarbeiter kann man durch einen demokratischen oder laissez-faire Führungsstil überfordern.
  Konsequenz:
  Je geringer die erforderlichen Fähigkeiten und Motivationen für die zu lösenden Aufgabe, umso eher ist der autoritäre Unterweisungsstil geeignet.

5.1.3 Zusammenhang von Führungsmodell und Organisationsentwicklung

? Welcher Zusammenhang besteht zwischen Führungsmodell und Organisationsentwicklung?

Führungsmodelle treffen Aussagen darüber, wie die Praxis der Führung in den Unternehmen vollzogen werden soll. Sie stellen damit Modelle zur Unterstützung des Führenden dar. Die Anwendung soll ein einheitliches Führungsverhalten im Unternehmen bewirken.

Organisationsentwicklung bedeutet, Veränderungsprozesse in Unternehmen anzustoßen und zu begleiten.

Aber, ohne mündige Mitarbeiter, die ihr Potenzial gern zur Erhaltung und Gestaltung der Organisation einsetzen, ist keine Zukunftsentwicklung des Unternehmens möglich. Von jedem einzelnen Mitarbeiter hängt also das Funktionieren des äußerst komplexen Gebildes „Unternehmen" ab.

Konsequenz:

Das Führungsmodell im Unternehmen muss so angelegt sein, aktive Mitbeteiligung der Mitarbeiter zu ermöglichen und somit zukunftsfähige Lösungen für die jeweilige Organisation und den darin betroffenen Menschen zu finden.

Und auch die Unternehmenskultur muss getragen werden von Prinzipien wie Eigenverantwortung, Motivation, Kooperation und Kommunikation. Die Mitarbeiter müssen von sich aus bereit sein, die zukünftigen Veränderungen aktiv mitzugestalten.

Zentrale Voraussetzungen, um diesen **Macher-Mitarbeitertypus zu fördern**, sind insbesondere

- flexible Organisationsformen,
  wie die Matrix-, Team– oder Projektorganisation
- flache Hierarchieebenen und
- ein auf den einzelnen Mitarbeiter und Situation abgestimmter Führungsstil, wie z.B. situativer Stil.

5.1.3.1 Organisationsformen

BEACHTE

Welche Organisationsform in einem Unternehmen Anwendung findet, hängt von vielen Faktoren ab, wie Art der Geschäftsführung, Größe und Komplexität des Unternehmens, historische Entwicklung etc.

Welche Organisationsformen (= Organisationsmodelle) gibt es? **?**

Klassische Organisationsformen, (aufgabenorientiert ausgerichtet):	Neuere Organisationsformen:
■ (Ein-)Linienorganisation ■ Mehrlinienorganisation ■ Stablinienorganisation	■ Matrixorganisation ■ Sparten-/Divisionsorganisation ■ Projektorganisation ■ Teamorientierte Organisation ■ Flache Hierarchie

Welche klassischen Organisationsformen werden unterschieden? Und welche Vor- und Nachteile haben diese? **?**

Klassische Organisationsformen:

(Ein-)Linienorganisation	Die (Ein-)Linienorganisation gilt als die einfachste Organisationsform und ist durch eine **Baumstruktur** gekennzeichnet. Alle Stellen sind in einen einheitlichen Befehlsweg eingebunden. Jede Stelle ist hinsichtlich Aufgabe, Verantwortung und Kompetenz klar abgegrenzt. Es gilt die **Einfachunterstellung**, d.h., jede Stelle hat nur einen Vorgesetzten.	**Vorteile:** ■ Übersichtlichkeit des Aufbaus ■ Klare Zuständigkeiten ■ Eindeutige Regelung von Aufgabe, Kompetenz und Verantwortung **Nachteil:** Lange Kommunikations- und Weisungswege (→ Gefahr der Informationsfilterung durch Zwischeninstanzen)
Mehrlinienorganisation	Mehrliniensystem bedeutet eine **Mehrfachunterstellung der Mitarbeiter,** d.h., der Mitarbeiter hat zwei oder mehrere Vorgesetzte, von denen er fachliche Weisungen erhält. Disziplinarisch ist aber nur ein Vorgesetzter zuständig.	**Vorteile:** ■ Direkte Weisungs- und Informationswege ■ Direkte Zugriffe **Nachteil:** Schwierige Abgrenzung von Zuständigkeit, Verantwortung und Kompetenz bis hin zu Kompetenzrangeleien

Stablinien-organisation	Um Nachteile der Ein- und Mehr-linienorganisation abzumildern (insbesondere die Überlastung der Führungskräfte), hat man neben den Linienstellen Stäbe eingerichtet, d.h., es werden den Leitern in verschiedenen Stufen Spezialisten beigegeben, die Beratungs-, Planungs- oder Überwachungsaufgaben haben. Diese Stellen haben aber kein Weisungs- und kein Entscheidungsrecht.	**Vorteile:** ■ Entlastung der Linie durch Stäbe ■ Nutzung von Spezialkenntnissen **Nachteile:** ■ Machtausübung der Stäbe ■ Rivalität zwischen Linien und Stab ■ Informelle Gruppenbildung und informelle Machtausübung

 Welche neueren Organisationsformen werden unterschieden?

Neuere Organisationsformen:

1. Matrixorganisation
2. Sparten-/ Divisionsorganisation
3. Projektorganisation
4. Teamorientierte Organisation
5. Flache Hierarchie

Matrixorganisation und Sparten-/ Divisionsorganisation

Matrix-organisation	Eine Matrixorganisation ist an Funktionen orientiert, d.h., es werden weiterhin Zentralaufgaben wie z.B. Einkauf, Verkauf, Produktion, Personal, Rechnungswesen gebildet. Die Zentralabteilung ist für sämtliche Geschäftsbereiche des Unternehmens tätig. *Über diese Organisationsfunktion, die dem Prinzip einer Linienorganisation entspricht, wird eine Matrix mit Produktmanagern gelegt. Der Produktmanager ist für sein Produkt zuständig.* *Folglich bestehen zwei Kompetenzsysteme im Unternehmen (Zentralbereich + Produktmanager) sowie Mehrfachunterstellung der Mitarbeiter.*	**Vorteile:** ■ Spezialisierungseffekte ■ Einheitlichkeit des Unternehmens in Bezug auf die Funktionen ■ Koordination bereichsübergreifender Funktionen **Nachteile:** ■ Unklare Unterstellungsverhältnisse aufgrund Mehrfachunterstellung ■ Konflikte können zu Störungen führen

| Sparten-/ Divisions-organisation | Bei der Spartenorganisation wird ein Unternehmen in **Geschäftsbereichssparten (= Geschäftsfelder)** gegliedert. Es bietet sich häufig eine **Aufteilung nach z.b. Produkten, Regionen, Länder, Abnehmergruppen, Erzeugnisgruppen** an. Den verantwortlichen Spartenmanagern werden für ihre Tätigkeiten in den Sparten weitgehende Entscheidungskompetenzen eingeräumt. Jeder einzelne Geschäftsbereich kann als Quasi-Unternehmen bezeichnet werden. Es gilt die Einfachunterstellung. | **Vorteile:**
■ Mehr Kontrolle und mehr Eigenverantwortlichkeit in den Geschäftsbereichen
■ Schnellere Reaktion auf Markterfordernisse

Nachteile:
■ Spartenziele können vor Unternehmensziele gehen
■ Eigenleben der Geschäftsbereiche
■ Zentrale/kostengünstige Vorteile können verloren gehen (z.B. gemeinsamer Einkauf) |

Projektorganisation

DEFINITION PROJEKT

Unter einem Projekt versteht man nach DIN 69901 ein Vorhaben, das im Wesentlichen durch die **Einmaligkeit der Bedingungen** in ihrer Gesamtheit gekennzeichnet ist.

DEFINITION PROJEKTORGANISATION

Unter einer Projektorganisation versteht man - in Anlehnung an DIN 69901 - die Gesamtheit der Organisationseinheiten und der aufbau- und ablauforganisatorischen Regelung zur Abwicklung eines bestimmten Projektes.

In der Projektorganisation wird Folgendes festgelegt:

■ Arbeitsteilung zwischen Personen und Teams
■ Aufgaben, Kompetenzen und Verantwortlichkeiten (AKW)
■ Weisungsbefugnisse, Kontrollrechte und Aufsichtspflichten
■ Koordinationsinstrumente

Hinweise:

- **Einrichten einer projektspezifischen Organisation bedeutet in Bezug auf die Aufbauorganisation:**
  - Einbinden des Projektes in die Unternehmensorganisation
  - Einrichten von Rollen und Verantwortlichkeiten
- **Einrichten einer projektspezifischen Organisation bedeutet in Bezug auf die Ablauforganisation:**
  - Abwickeln des Projektes entsprechend dem Entwicklungsprozess
  - Festlegen von Aktivitäten und Abläufen

 Von welchen Kriterien hängt die richtige Projektorganisationsform ab?

Es gibt nicht die einzig wahre und richtige Organisationsform für Projekte, denn die Auswahl der richtigen Organisationsform ist abhängig vom Projekt und den damit verbundenen Rahmenbedingungen wie:

- Art des Projektes (prozessorientiert oder zielorientiert)
- Größe und Komplexität des Projektes
- Dauer des Projektes
- Ausmaß von externen Einflüssen
- Grad der Neuartigkeit
- Strategische Bedeutung
- Umfeld des Unternehmens (Branche, Wettbewerb etc.)
- Verfügbare Ressourcen etc.

 Welche Projektorganisationsformen sind zweckmäßig?

Folgende drei Organisationsformen erweisen sich für projektorganisierte Unternehmen als zweckmäßig:

1. Reine Projektorganisation
2. Einfluss-Projektorganisation
3. Matrix-Projektorganisation

Reine Projektorganisation	**Kennzeichen:** ■ Förmliche Unterstellung ■ Gruppenmitglieder arbeiten ausschließlich am Projekt, sie sind aus der Linie herausgelöst ■ Projektleiter hat gegenüber Projektmitarbeitern volle Weisungsbefugnis **Verantwortungsbereiche:** ■ Projektmanager hat volle Kompetenz und Verantwortung bei allen Fragen, die das Projekt betreffen, auch gegen den Willen der Linienmanager ■ Linienmanager hat keinerlei Befugnisse; er hat das Projekt zu unterstützen
Einfluss-Projektorganisation	**Kennzeichen:** ■ Keine Weisungsbefugnis des Projekteiters gegenüber den Projektmitarbeitern ■ Die Projektmitarbeiter bleiben der Linie unterstellt ■ Projektleiter ist mit Stabsstelle vergleichbar **Verantwortungsbereiche:** ■ Projektmanager hat nur beratende und informierende Funktion ■ Linienmanager hat alleinige Entscheidungs– und Weisungsbefugnis
Matrix-Projektorganisation	**Kennzeichen:** ■ Fachliches Weisungsrecht ■ Die Gruppenmitglieder arbeiten zum Teil an dem Projekt und teilweise an ihren eigentlichen Aufgaben **Beachte:** Diese Organisation macht Sinn, wenn das Projekt viele Bereiche des Unternehmens zur fachlichen Unterstützung benötigt. **Verantwortungsbereiche:** ■ Projektmanager hat volle Kompetenz bei allen Fragen, die das Projekt betreffen (→ Projektverantwortung für Sachziele, Kosten und Termine) ■ Linienmanager hat volle Kompetenz bei Linienfragen (→ Verantwortung für das Tagesgeschäft) ■ **Folge:** Einigungszwang zwischen Projekt– und Linienmanager

Teamorientierte Organisation

DEFINITION TEAM

Ein Team ist eine Gruppe, die sich als Einheit sieht und sich nach außen hin abgrenzt. Es arbeitet relativ selbständig an einer gemeinsamen Aufgabe, also ohne strukturelle Vorgaben von außen, und auch der Lösungsweg wird durch das Team bestimmt.

DEFINITION TEAM-ORGANISATION

Unter Team-Organisation versteht man den Zusammenschluss von Mitarbeitern in einem Team, welche die Aufgabe gemeinsam und weitgehend autonom bearbeiten.

Bei der teamorientierten Organisation ergänzen Teams die bestehende Organisation auf Dauer,
d.h., es erfolgt eine konsequente Ausrichtung des Unternehmens auf Teams mit klarer Verantwortung und Gestaltungsmöglichkeit. Die Teamorganisation verzichtet auf Hierarchieebenen und klare Weisungsbefugnisse. Stattdessen werden die Entscheidungsbefugnisse auf die Teams übertragen.

? **Was kennzeichnet eine teamorientierte Organisation?**

Kennzeichen der teamorientierten Organisationsform:

- Komplementäre Fähigkeiten und Fertigkeiten der Teammitglieder aus verschiedenen Abteilungen
- Übertragung von Kompetenzen auf das Team, Selbstorganisation
- Kollektive Gruppenentscheidungen, hohe Kommunikation und Interaktion
- Gemeinsame Gruppenverantwortung, wenig Kontrolle
- Verantwortung für die Teammitarbeiter liegt beim Teamleiter; disziplinarische Verantwortung liegt beim entsprechenden Linienvorgesetzten
- Zeitliche Dauer der Teams kann flexibel sein (dauernde Teams, vorübergehende Teams)

Teammodelle:

- Teilautonome Arbeitsgruppen TAG
- Qualitätszirkel
- Projektgruppen
- Team-Work-Management

Welche Vor- und Nachteile bietet die teamorientierte Organisation?

Vorteile der teamorientierten Organisation	Nachteile der teamorientierten Organisation
■ Standardisierte Organisationen werden mit der Flexibilität von Teams verbunden ■ Hohe Arbeitszufriedenheit und Motivation der Mitglieder (Mitarbeiter entscheidet mit) ■ Know-how der Mitglieder wird genützt, Synergievorteile ■ Kreativitätsförderndes Betriebsklima ■ Besserer Informationsgrad, kurze Kommunikationswege	■ Evtl. langwierige Entscheidungs– oder Koordinationsprozesse, diskussionsfördernd, zeitaufwändig ■ Fehlende Kompetenzregelung und ggf. Konflikte, da das Team für die Aufgabenerledigung selbst verantwortlich ist und ihre Probleme selbst regelt ■ Effizienz nimmt bei zunehmender Teamgröße ab ■ Dominanz einzelner Mitglieder

Welche Voraussetzungen müssen bei einer teamorientierten Organisation gegeben sein?

■ Teamzusammensetzung
  → Es dürfen keine größeren Konflikte zwischen den Teammitgliedern bestehen
  → Jedes Teammitglied muss zum Erfolg beitragen können („Wissen und Wollen")

■ Zielklarheit
  → Konkrete Aufgaben und Ziele des Teams klären
  → Erfolg - anhand von messbaren Kriterien - beschreiben

■ Verantwortungsverteilung
  → Wer ist für welche Aufgabe zuständig? Wer liefert welchen Teil?
  → Wie werden Entscheidungen getroffen? Wer hat welche Entscheidungsbefugnisse? Wer trifft Entscheidungen?

■ Arbeitsabläufe und Kommunikationsstruktur
  → Wie werden Aufgaben konkret abgearbeitet? Was macht wer, in welchem Zeitrahmen?
  → Was muss mit wem besprochen werden? Organisations- und Besprechungskultur festlegen
  → Qualitätskontrollen durchführen

■ Das Miteinander gestalten
  → Umgangsstil, Spielregeln
  → Feedbackprozesse

5.1.3.2 Flache Hierarchie

Eine flache Hierarchie liegt dann vor, wenn Individuen innerhalb der Teams eigenverantwortlich arbeiten können und die Kommunikationswege im Unternehmen direkt sind.

Eine flache Hierarchie charakterisiert sich durch ...

1. eine **verschlankte Unternehmensstruktur mit weniger Führungsebenen** zwischen oberstem Chef und Vorarbeiter als in herkömmlichen, bürokratisch organisierten Unternehmen. Hierbei soll die Zahl der Hierarchiestufen im Unternehmen gering gehalten werden (**maximal drei Ebenen**),

2. i.d.R. **Abbau des mittleren Managements** (z.B. Meister, Vorarbeiter) und

3. **mehr Verantwortung für das untere Management.**

Die **Straffung der Hierarchieebenen** ist ein nicht unwesentliches Element im System des sogenannten **Lean Management** und war in den 90er Jahren eine in vielen (vor allem US-amerikanischen) Unternehmen neu eingeführte Managementform.

DEFINITION LEAN MANAGEMENT

lean (engl.) = schlank

Lean Management bezeichnet eine Verschlankung des Managements durch flache Hierarchien mit Konzentration auf die wertschöpfenden Tätigkeiten.

BEACHTE

Eine Gruppe benötigt keine rigide Führung, wenn die Mitarbeiter kompetent sind, erfolgreich agieren sowie die Erträge gerecht verteilen werden.

? Welche Vor- und Nachteile bieten flache Hierarchien?

Vorteile flacher Hierarchien	Nachteile flacher Hierarchien
■ Unternehmen kann schneller reagieren und ist anpassungsfähiger, dies ist insbesondere in einem schnelllebigen Umfeld von großer Wichtigkeit .	■ Wegfall von Wissensträgern bei Hierarchieabbau

Vorteile flacher Hierarchien	Nachteile flacher Hierarchien
■ Höhere Reaktionsgeschwindigkeit durch Verkürzung der vertikalen Informations- und Weisungswege, Entscheidungen können schneller getroffen werden ■ Effektivität von Kommunikationsabläufen ■ Unterstützung von eigenständigem und selbstverantwortlichem Handeln ■ Kosteneinsparungen durch Einsparung des mittleren Managements ■ Mehr Zufriedenheit am Arbeitsplatz ■ kurze Weisungslinien	■ Fehlen von möglicherweise wichtigen Verbindungsgliedern zwischen den Hierarchien (z.B. mit der Folge der Störung des Informationsflusses) ■ Anreizeffekt für Arbeitsanstrengung fehlt, da aufgrund der flachen Hierarchieebenen weniger Aufstiegsmöglichkeiten für die Mitarbeiter bestehen ■ Führungsebene hat Verantwortung für zu viele Mitarbeiter ■ Beim Fehlen des mittleren Management gerät die Aufgabenverteilung leicht ins Ungleichgewicht

5.1.4 Besonderheiten bei der Führung ausgewählter Mitarbeitergruppen

Zu den ausgewählten Mitarbeitergruppen gehören:

1. Jugendliche Mitarbeiter
2. Mitarbeiterinnen
3. Ältere Mitarbeiter
4. Mitarbeiter mit Migrationshintergrund/ausländische Mitarbeiter

1. Jugendliche Mitarbeiter

DEFINITION JUGENDLICHER

Jugendlicher nach dem **Jugendschutzgesetz JuSchG** ist, wer das 14. Lebensjahr vollendet, aber noch nicht 18 Jahre alt ist, § 1 Abs.1 Nr.2 JuSchG.

Beachte:

Im **Jugendarbeitsschutzgesetz JArbSchG** ist die Grenze jedoch erst bei 15 Jahren gezogen. Jugendlicher Mitarbeiter nach dem Jugendarbeitsschutzgesetz ist, wer mindestens 15 aber noch nicht 18 Jahre alt ist, § 2 Abs.2 JArbSchG.

Hinweis:

Meist handelt es sich bei dieser Altersgruppe um Auszubildende, Ferienjobber oder Praktikanten.

Grundsätzlich sind bei jugendlichen Mitarbeitern das **Jugendarbeitsschutzgesetz JArbSchG** und die wesentlichen Bestimmungen des **Berufsbildungsgesetzes BBiG** zu beachten.

Beispiele:
Arbeits– und Pausenzeiten, Verpflichtung zur Erst-/ Nachuntersuchung

Bei der Entwicklung vom Kind zum Erwachsenen findet beim Menschen ein **entscheidender und einschneidender Lern- und Reifungsprozess,** sowohl körperlich-moralischer als auch geistig-intellektueller Art statt.

Mögliche alterstypische Probleme von Jugendlichen:

- Stimmungsschwankungen, Motivationsprobleme
- Sie befinden sich in einem Selbstfindungsprozess, Rebellion gegen ihre Eltern und deren Werte
- Evtl. faul, respektlos, kritisch, provozierend, leisten Widerstand gegen Anweisungen, Autoritätsprobleme
- Sie haben einen großen Bedarf und ein hohes Bedürfnis nach Anerkennung und Rücksichtnahme
- Hohe Risikobereitschaft; Machtkämpfe, Kräftemessen und Wettbewerbe mit anderen

In dieser schwierigen Phase müssen die Jugendlichen nun wichtige Entscheidungen für ihren weiteren Lebensweg treffen, wie die Wahl des Schulabschlusses und des Berufes.

Problematisch hierbei ist, dass es immer mehr Jugendliche gibt, die unzureichende Voraussetzungen für eine erfolgreiche Berufsausbildung mitbringen. Gründe hierfür sind z.B. schlechte familiäre Voraussetzungen, Sprachprobleme, mangelnde Schulkenntnisse u.v.m.

? **Wie kann der Betrieb, die Führungskraft bzw. der Personalmitarbeiter positiv auf jugendliche Mitarbeiter einwirken?**

Der Betrieb, die Führungskraft bzw. der Personalmitarbeiter kann positiv auf die jugendlichen Mitarbeiter einwirken, indem er ...

- Vorbild für die Jugendlichen ist,
- Vertrauen schafft,
- entwicklungsbedingte Probleme versteht und mit Protestverhalten sachlich umgeht, u.a. Grenzen aufzeigt,
- eine positive Grundeinstellung gegenüber jungen Menschen hat, also keine negativen Klischeevorstellungen von der Jugend oder Pauschalurteile hat,

- die Jugendlichen motiviert, z.B. durch Förderung von selbständigem Handeln und Übertragung von Verantwortung,
- den Sinn der Arbeit aufzeigt, z.B. durch konstruktive Gespräche über die Arbeit und das Verhalten des Jugendlichen sowie über die Zukunftsaussichten des Jugendlichen im Betrieb,
- die Jugendlichen vor Überforderung, aber auch vor Unterforderung schützt und
- Möglichkeiten ausbildungsbegleitender Hilfen anbietet und die jugendlichen Mitarbeiter auffordert, diese zu nutzen.

2. Mitarbeiterinnen

Deutschland forciert seit Jahren - vorrangig aus wirtschaftlichen Gründen - die Vereinbarkeit von Beruf und Familie für Frauen. Denn insbesondere durch die sinkende Geburtenquote wird man in Zukunft nicht auf Mitarbeiterinnen verzichten können.

Hinweise:

- Die Zahl der erwerbstätigen Frauen lag im Jahr 2000 noch bei 57,7 % und stieg jedoch auf über 75 % im Jahr 2017 (Statistisches Bundesamt).
Allerdings vollzog sich vor allem bei den Frauen die zunehmende Erwerbsbeteiligung über die Teilzeitarbeit, bei einem gleichzeitigen Rückgang der Vollzeitbeschäftigung. Die Teilzeitquote der weiblich abhängig Beschäftigten lag im Jahre 2017 bei 47,9 %.
- Die Unterschiede zwischen männlichen und weiblichen Mitarbeitern gleichen sich zunehmend an. Frauen sind heutzutage sehr gut ausgebildet und streben verstärkt nach oben. Umgekehrt wollen sich junge Männer in ihren Familien mehr einbringen als die ältere Generation. Dies führt zu einer Verwischung möglicher Vor– und Nachteile.

BEACHTE

- Das Allgemeine Gleichbehandlungsgesetz AGG verbietet jegliche Art der Benachteiligung, allerdings gibt es immer noch Unterschiede bei der Behandlung und Bezahlung von Mitarbeiterinnen
- Berücksichtigung des Mutterschutzgesetzes MuSchG bei Schwangeren, wie z.B. Beschäftigungsverbote
- Sanitäre Anlagen müssen ausreichend und jeweils für Männer und Frauen getrennt vorhanden sein, gemäß der Arbeitsstättenrichtlinie ASR 37/1

Wie kann die Führungskraft Mitarbeiterinnen positiv unterstützen?

- Rollenklischees und Vorurteile gegenüber Mitarbeiterinnen sind abzubauen
- Einführen geeigneter Arbeitszeiten wie Gleitzeit, flexible Arbeitszeit etc.

- Evtl. Kinderbetreuungsmöglichkeiten anbieten
- Geeignete Qualifizierungsmaßnahmen sind anzubieten
- Aufstiegsmöglichkeiten und Zugang zu höheren Positionen sind zu erleichtern
- Arbeit in gemischten Gruppen ist zu ermöglichen, denn Untersuchungen haben gezeigt, dass Frauen, aber auch Männer, die Arbeit in gemischten Teams den reinen Männer- bzw. Frauenteams vorziehen.

3. Ältere Mitarbeiter

DEFINITION ÄLTERE MITARBEITER

In der Literatur gibt es keine einheitliche Definition, wer „älterer Mitarbeiter" ist. Die unterschiedlichen Altersangaben hängen vielfach von der jeweiligen Art der Berufstätigkeit und der Lebensbiografie ab.

Die Bundesanstalt für Arbeit zählt, bezogen auf Angaben zum Arbeitsmarkt und zur Arbeitslosigkeit, Arbeitnehmer vom 50. Lebensjahr an zu den älteren Mitarbeitern, da ab diesem Alter die Schwierigkeit, auf dem ersten Arbeitsmarkt vermittelt zu werden, steigt.

In Deutschland sind (laut Bericht der Statistischen Ämter des Bundes und der Länder 2011) zwei zentrale **demografische Entwicklungen** zu beobachten, und zwar

1. eine **höhere Lebenserwartung** der Bevölkerung
2. bei gleichzeitig **sinkender Geburtenrate.**

Diese demografische Entwicklung hat Auswirkungen auf die Betriebe. Es ergibt sich in den Unternehmen in den nächsten Jahren die Notwendigkeit, sich verstärkt mit älteren Mitarbeitern auseinanderzusetzen, da das Durchschnittsalter der Belegschaft steigen wird, denn ...

- die Deckung des Arbeitskräftebedarfs mit jüngeren Arbeitskräften wird schwieriger **und**
- die älteren Mitarbeiter werden länger im Betrieb verbleiben, da weniger junge Leute zur Verfügung stehen und das reguläre Renteneintrittsalter aus diesem Grund ansteigen wird.

Das Problem besteht nun darin, dass den Unternehmen das Bewusstsein für die demografische Entwicklung oftmals fehlt und die weitverbreitete Personalpolitik nicht zu den Herausforderungen des demografischen Wandels passt.

Hinweise:

- Rund 45 % der 55- bis unter 65-Jährigen gingen 2005 einer Erwerbstätigkeit nach, 2017 waren bereits 70 % dieser Altersgruppe erwerbstätig. (Quelle: Statistisches Jahrbuch 2018 - Statistisches Bundesamt)
- Laut Informationsdienst des Instituts für Arbeitsmarkt- und Berufsforschung der Bundesanstalt für Arbeit Ausgabe Nr. 2/2001 gibt es in fast 60 % der Betriebe keine Beschäftigten mehr über 50 Jahre.

Was verringert sich typischerweise im Alter? ?

Typischerweise verringert sich im Alter:

- Geistige Wendigkeit und Umstellungsfähigkeit
- Wahrnehmungsgeschwindigkeit / Reaktionsvermögen
- Abstraktionsfähigkeit
- Kurzzeitgedächtnis, Lernfähigkeit
- Muskelkraft
- Widerstandsfähigkeit
- Leistungsfähigkeit der Sinnesorgane

Welche Besonderheiten (mögliche Vor- und Nachteile) können bei älteren Mitarbeitern bestehen? ?

Mögliche Vorteile älterer Mitarbeiter	Mögliche Nachteile älterer Mitarbeiter
Ältere Mitarbeiter ...	**Mit steigendem Alter <u>kann</u> sich der Mensch folgendermaßen verändern:**
■ haben hohe Berufserfahrung und berufliche Routine	■ Verringerung der geistigen Flexibilität
■ kennen betriebliche Zusammenhänge	■ Verringerung der Lernfähigkeit, langsameres Lernen
■ haben eine hohe Lebenserfahrung	■ Nachlassen der Wahrnehmungsgeschwindigkeit
■ sind selbständiges Arbeiten gewöhnt	
■ sind verantwortungsbewusst	■ Verschlechterung des Kurzzeitgedächtnisses
■ sind geübt und treffsicher	■ Sinnesorgane (sehen, hören etc.) werden schwächer
■ sind ruhig, sachlich und überlegt	
■ sind sozial gefestigt	■ Verringerung der körperlichen Widerstandsfähigkeit bzw. der Muskelkraft (durch körperlichen Verschleiß)
■ haben menschliche und innere Reife	
■ sind führungserfahren	
■ haben eine gute Urteilsfähigkeit	■ Vergesslichkeit nimmt zu
■ können Situationen realistisch einschätzen	■ Nachlassen der Reaktionsfähigkeit
■ haben eine hohe Zuverlässigkeit und Genauigkeit	■ Höhere Anfälligkeit für Krankheiten
■ sind ausgeglichen	■ Ablehnung von oder Angst vor Veränderungen und Neuerungen; Vorurteile gegenüber neuen Medien
■ haben einen großen Wissensumfang	
■ sind widerstandsfähig	
■ identifizieren sich sehr mit dem Unternehmen und stehen dem Unternehmen loyal gegenüber	■ Veraltetes Wissen aufgrund mangelnder oder fehlender Weiterbildung
	■ Verringerung der Anpassungsbereitschaft und -fähigkeit

Wie kann der Betrieb, die Führungskraft bzw. der Personalmitarbeiter ältere Mitarbeiter im Berufsleben unterstützen?

Der Betrieb, die Führungskraft oder der Personalmitarbeiter kann ältere Mitarbeiter im Berufsleben folgendermaßen unterstützen:

- Auf die Bedürfnisse Älterer ausgerichtete ergonomische Einrichtung des Arbeitsplatzes und der Arbeitsumgebung (wie Sitzgelegenheiten, Beleuchtung, Werkzeugkonstruktionen, größere Schrift am Bildschirm etc.)
- Bei Neuerungen frühzeitig ältere Mitarbeiter informieren
- Vermeidung von Konkurrenzsituationen mit Jüngeren
- Respektvoller Umgang mit Älteren und keine Abwertung des Ansehens zulassen
- Erfahrungen und Kenntnisse der älteren Mitarbeiter nützen, z.B. in sog. intergenerativen Teams (= zwischen Menschen verschiedener Altersgruppen/Generationen)
- Durch kontinuierliche Weiterbildung und lebenslanges Lernen verhindern, dass ältere Mitarbeiter lernungewohnt sind
- Abbau von Konkurrenzdruck zwischen älteren und jüngeren Mitarbeitern
- Altersgerechte Seminare, d.h., die Lernbedingungen auf die Lernbedürfnisse der älteren Mitarbeiter abstimmen
- Evtl. Verringerung der Arbeitsschwierigkeiten
- Vermeidung von Schichtarbeit und Überstunden
- Selbstwertgefühl fördern
- Flexible Arbeitszeitmodelle, Gleitzeit, Dauer von Pausen, evtl. Teilzeit; Möglichkeiten für individuelle Arbeitszeiten bieten
- Arbeitsplatzwechsel oder Umsetzung ohne Prestigeverlust

 Was versteht man unter sog. intergenerativen Teams?

Intergenerative Teams (auch **altersgemischte Teams** genannt) sind betriebsinterne Teams, die so zusammengesetzt sind, dass ältere und jüngere Mitarbeiter zusammenarbeiten.

Ziel von altersgemischten Teams ist das gemeinsame Lösen einer bestimmten Aufgabe und gemeinsames Lernen über einen wechselseitigen Wissensaustausch.

Hinweis:

Intergenerative Zusammenarbeit gewinnt vor dem Hintergrund der demografischen Entwicklung zunehmend an Bedeutung. Denn, der demografische Wandel verändert die Altersstruktur von Belegschaften. Angesichts des drohenden Fachkräftemangels und der Einführung der Rente mit 67 werden immer mehr Ältere länger im Berufsleben stehen und mit jüngeren Kollegen zusammenarbeiten. Unternehmen müssen daher zukünftig verstärkt die Kooperation der Generationen produktiv organisieren. Grundsätzlich verfügen jüngere und ältere Mitarbeiter über unterschiedliche Stärken und Kompetenzen, die sich gegenseitig ergänzen können.

4. Mitarbeiter mit Migrationshintergrund/ Ausländische Mitarbeiter

DEFINITION MITARBEITER MIT MIGRATIONSHINTERGRUND

Nach Definition des Statistischen Bundesamtes sind Menschen mit Migrationshintergrund alle nach 1949 auf das heutige Gebiet der BRD Zugewanderten, sowie alle in Deutschland geborenen Ausländer und Ausländerinnen sowie alle in Deutschland als Deutsche Geborenen mit zumindest einem nach 1949 zugewanderten oder als Ausländer in Deutschland geborenen Elternteil.

Ob die Person oder ihre Eltern die deutsche Staatsangehörigkeit besitzen, spielt <u>keine</u> Rolle.

Zunächst einmal ist zu beachten, dass der Migrationshintergrund einer Person alleine weder einen Förderbedarf noch eine Besonderheit begründen muss. Auch arbeiten in vielen Unternehmen deutsche Mitarbeiter und Mitarbeiter mit Migrationshintergrund reibungslos zusammen.

Allerdings kommt es auch immer wieder - nicht zuletzt wegen Unkenntnis und Missverständnissen auf beiden Seiten - zu Konflikten am Arbeitsplatz. Für Führungskräfte bedeuten diese Situationen immer wieder Herausforderungen.

> **Welche möglichen Probleme können Mitarbeiter mit Migrationshintergrund im Arbeitsleben haben?** **?**

Mögliche Probleme von Mitarbeitern mit Migrationshintergrund können bestehen durch

- Sprachschwierigkeiten/Verständnisprobleme,
- unterschiedliche Wertvorstellungen,
- andere Kulturen,
- andere Mentalität,
- unterschiedliche Lebensgewohnheiten,
- unterschiedliche Essgewohnheiten,

- unterschiedliche religiöse Lebensweisen,
- unterschiedliche Arbeitsdisziplin und Hierarchieverständnis u.v.m.

> **?** **Wie kann der Betrieb, die Führungskraft bzw. die Personalfachkaufleute Mitarbeiter mit Migrationshintergrund im Berufsleben unterstützen?**

Mit folgenden Faktoren kann man als Führungskraft Mitarbeiter mit Migrationshintergrund im Berufsleben unterstützen:

- Für gegenseitigen Respekt, Rücksichtnahme, Toleranz und Verständnis bei allen Mitarbeitern sorgen und ein positives Arbeitsklima unterstützen, z.B. durch
  - → gegenseitiges besseres Kennenlernen,
  - → betriebsinterne Aktivitäten wie Sport,
  - → Bewusstmachen, dass ausländische Mitarbeiter abweichende Wertvorstellungen, religiöse Eigenheiten und Lebensgewohnheiten besitzen,
  - → vorurteilsfreie Begegnung ausländischen Mitarbeitern gegenüber.
- Berücksichtigung der Vorgaben aus dem **AGG** (Gleichbehandlung), d.h.,
  - → Deutsche und Mitarbeiter mit Migrationshintergrund gleich behandeln und entsprechend ihren Stärken und Qualifikationen einsetzen sowie fördern,
  - → beleidigende Äußerungen über Religion, Herkunft etc. dürfen nicht zugelassen werden,
  - → Ausgrenzungsversuche von Mitarbeitern müssen durch die Führungskraft frühzeitig unterbunden werden,
  - → bei erkennbar fremdenfeindlichen Auseinandersetzungen sofort reagieren.
- Bei der Zusammensetzung von Gruppen auf Heterogenität achten, aber: verfeindete Nationen beachten
- Bei Sprachproblemen bzw. bei wesentlichen Punkten evtl. Dolmetscher hinzuziehen
- Betriebliche Sprachkurse anbieten oder Privatinitiativen zum Erlernen der notwendigen Sprachkenntnisse fördern
- Landsmann als Paten bestellen
- Betriebsrat einbeziehen
- Übersetzung wichtiger betriebstechnischer Informationen sowie der Unfallverhütungsvorschriften bzw. Vermittlung der Informationen durch einen Dolmetscher
- Betriebsinterne Aktivitäten ermöglichen, damit sich die Mitarbeiter unterschiedlicher Nationen besser kennenlernen
- Informieren über Rechte und Pflichten, Normen, Arbeitsplatz und Ordnung

Hinweis:

Erfahrungen zeigen, dass die Bindung von qualifiziertem ausländischem Personal durch Etablierung einer **„Willkommenskultur"** erleichtert und der Verbleib von notwendigem Know-how im Betrieb so gesichert werden kann.

5.2 Führungsinstrumente

Erfolgsorientierte Führung erfordert den Einsatz der richtigen Führungsinstrumente.

DEFINITION FÜHRUNGSINSTRUMENTE

Führungsinstrumente sind alle Mittel und Verfahren, die ein Vorgesetzter anwendet, um Führungsprozesse zu ermöglichen oder zu erleichtern.

BEACHTE

Die Begriffe „Führungsinstrumente" und „Führungsmittel" werden synonym verwendet.

Welche Führungsinstrumente finden in den Unternehmen Anwendung? **?**

Typische Führungsinstrumente/Führungsmittel:

- Zielvereinbarung
- Information
- Kommunikation
- Motivation
- Delegation
- Einweisen und Unterweisen
- Schriftliche Anweisungen
- Kontrolle
- Lob und Anerkennung
- Korrektur und konstruktive Kritik

- Mitarbeiterbeurteilung
- Mitarbeitergespräch
- Teamsitzungen
- Stellenbeschreibungen
- Potenzialanalyse
- 360° Feedback
- Entlohnungs- und Anreizsysteme/ Finanzielle Incentives
- Coachingsitzungen
- Führungsleitbild

Im Rahmenplan der Personalfachkaufleute werden die Führungsinstrumente in Prozesse differenziert, die im Folgenden näher beschrieben werden:

1. Zielvereinbarungsprozesse
2. Informationsprozesse
3. Kommunikationsprozesse
4. Motivationsprozesse
5. Teamprozesse

5.2.1 Zielvereinbarungsprozesse

> **DEFINITION ZIELE**
>
> Ziele bezeichnen einen definierten, in der Zukunft liegenden, erstrebenswerten und ange-strebten Endzustand/Endpunkt.

 Warum sind Ziele so wichtig?

- Ziele orientieren und motivieren!
- Ziele programmieren unser Unterbewusstsein und steuern unsere Wahrnehmung und unser Verhalten in Richtung Zielerreichung
- Der Mitarbeiter erhält eine Orientierung, wie seine Arbeit zum Erfolg des Unternehmens beiträgt und kann sich somit aktiv an der Unternehmensentwicklung beteiligen
- Der Mitarbeiter erhält einen klaren Maßstab für seine Leistung

Hinweis:

Ziele zu setzen und zu formulieren ist eines der wichtigsten Führungsinstrumente.

Wichtig:

Der Zielvereinbarungsprozess beschreibt, wie die Unternehmensziele Ebene für Ebene top down transportiert und dabei funktionsorientiert aufgespalten werden. Solange, bis sie die Mitarbeiterebene erreichen, wo genau diese Teil- oder Unterziele operativ wirksam werden.

 Welche Ziele werden mit dem Mitarbeiter vereinbart?

Mit dem Mitarbeiter werden folgende Ziele vereinbart:

- Leistungsziele
- Verhaltensziele und
- Entwicklungsziele

Wichtig:

Es gibt qualitative und quantitative Leistungs-, Verhaltens- und Entwicklungsziele (= Zielar-ten).

Welche Zielarten werden unterschieden? **?**

Es gibt **qualitative** (nicht monetäre) **und quantitative** (monetäre) Ziele.

Qualitative Ziele	Quantitative Ziele
■ Streben nach Selbständigkeit	■ Gewinnmaximierung
■ Servicesteigerung	■ Ertragssteigerung bei gleichem Aufwand
■ Qualitätsverbesserung	■ Umsatzmaximierung
■ Verbesserung des Umweltschutzes (→ ökologische Ziele)	■ Kostenminimierung bei gleicher Leistungsmenge
■ Verbesserung der Work-Life-Balance	■ Liquiditätsoptimierung
■ Verbesserung der Familienfreundlichkeit	■ Zunahme der Marktanteile
■ Verbesserung der Zusammenarbeit zwischen bestimmten definierten Bereichen	■ Reduzierung der Lagerbestände
■ Verbesserung des Betriebsklimas	■ Abbau einer bestimmten Anzahl von Stellen bei gleicher Leistung

Wie sollen Ziele formuliert werden? **?**

Ziele sollen SMART formuliert sein.

SMART ist ein Akronym für "specific, measurable, achievable, relevant/realistic, timely" und dient im Projektmanagement als Kriterium zur eindeutigen Definition von Zielen im Rahmen einer Zielvereinbarung.

Hinweis:

Ziele, die sich im Inhalt, Ausmaß und Zeit messen lassen, nennt man **operationalisierte Ziele.**

S	Spezifisch	Was genau will ich erreichen? Ziele müssen eindeutig definierbar sein.
M	Messbar	Wie kann ich die Zielerreichung messen? (wer, was, wann, wie viel, wie oft)
A	Angemessen (Attraktiv oder Anspruchsvoll)	Ist das Ziel interessant, herausfordernd, motivierend, aber auch erreichbar?
R	Realistisch (Relevant)	Kann das Ziel in der vorgegebenen Zeit, unter den gegebenen Umständen erreicht werden? Ziele sollen bedeutsam sein, d.h. einen Mehrwert bringen.
T	Terminiert	Bis wann soll das Ziel erreicht sein?

Welche Zielbeziehungen gibt es?

Unter Zielbeziehungen versteht man die Beziehungen zwischen mehreren Unternehmenszielen zueinander.

Es gibt **komplementäre, konkurrierende und indifferente** Ziele.

Komplementäre Ziele	Mit Erhöhung des Grades der Zielerreichung des einen Ziels **erhöht** sich auch der Grad der Zielerreichung des anderen Ziels. = **Maßnahmen unterstützen sich gegenseitig bei der Zielerreichung** Beispiele: ■ Ziel 1 „Senkung der Gemeinkosten" unterstützt das Ziel 2 „Gewinnmaximierung" ■ Ziel 1 „Umsatzsteigerung" unterstützt das Ziel 2 „Einführung von Prämiensystemen"
Konkurrierende Ziele	Mit Erhöhung des Grades der Zielerreichung des einen Ziels **schmälert** sich auch der Grad der Zielerreichung des anderen Ziels. = **Maßnahmen behindern sich gegenseitig bei der Zielerreichung** Beispiele: ■ Ziel 1 „Erhöhung des Umweltschutzes" führt aufgrund notwendiger finanzieller Investitionen kurz- oder mittelfristig zu einer Verschlechterung des Ziels 2 „Kostensenkung" ■ Ziel 1 „optimale Liquidität der finanziellen Mittel" behindert das Ziel 2 „optimale Rentabilität der Mittel"
Indifferente Ziele	Grad der Zielerreichung der beiden Ziele sind voneinander entkoppelt. = **Maßnahmen haben keinen Einfluss aufeinander** Beispiel: Ziel 1 „Verringerung des CO_2-Ausstoßes" hat keinen Einfluss auf das Ziel 2 „Steigerung der Mobilität der Arbeitnehmer"

In welchen Schritten läuft der Zielvereinbarungsprozess ab?

Der Zielvereinbarungsprozess läuft in folgenden fünf Schritten ab:

1. Zielsuche

- Erarbeiten der Zielvorstellungen von Vorgesetztem und Mitarbeiter für die nächste Periode
- Reifegrad des Mitarbeiters berücksichtigen
- Vereinbarung von mindestens drei bis höchstens fünf Zielen
- Grundsätzlich sollten die Ziele voneinander unabhängig sein

5. Kontrolle

- Kontrolle (Soll-Ist-Vergleich) der Zielerreichung
- Bewertung der einzelnen Ergebnisse anhand der festgelegten Kriterien sowie unter Betrachtung der Rahmenbedingungen
- Ursachenanalyse bei Nichterreichung oder Übertreffen von Zielen
- Erkenntnisse für künftigen Zielvereinbarungsprozess nutzen

Der Zielvereinbarungsprozess

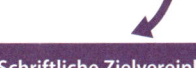

2. Zielfestlegung

- Kennzahlen festlegen, wann Ziel erreicht ist, sowie Hilfsmittel erarbeiten
- Ggf. Meilensteine und/oder Zwischenziele vereinbaren
- Rahmenbedingungen klären, damit die vereinbarten Ziele erreicht werden können
- Entscheidungsspielraum des Mitarbeiters klären

4. Durchführung

- Der Mitarbeiter setzt die Ziele um, i.d.R. in einem Zeitraum von einem Jahr
- Kontinuierlicher Austausch über den aktuellen Stand
- Ggf. Einleitung von notwendigen Unterstützungsmaßnahmen

Hinweis:
Nur bei stark veränderten geschäftspolitischen Rahmenbedingungen ist eine Zielkorrektur vorzunehmen

3. Schriftliche Zielvereinbarung inklusive Maßnahmenpläne

- Konkrete Zielformulierung schriftlich fixieren
- Schriftliche Festlegung von Kriterien zur späteren Feststellung der Zielerreichung
- Priorisierung der Zielsetzung durch Prozentangaben
- Mitarbeiter und Vorgesetzter unterschreiben die Zielvereinbarung
- Zielvereinbarung in Personalakte nehmen

Wichtigste Punkte einer (schriftlichen) Zielvereinbarung:

Inhalt	Was genau soll erreicht werden? Welche messbaren Leistungen/Wirkungen oder Ergebnisse?
Maßnahmen	Wie kann es im Einzelnen durchgeführt werden?
Mittel und Gebiet	Welche Hilfsmittel und Ressourcen stehen zur Verfügung? Wo soll die Arbeit stattfinden?
Umfang/Ausmaß	Wie viel soll erreicht werden?
Verantwortung	Wer soll daran beteiligt werden? Wer trägt für welchen Bereich die Verantwortung?
Frist/Zeit	Wann soll die Arbeit abgeschlossen sein?
Berichtswesen und Controlling	Wer soll wem, wann und wie berichten? Was geschieht bei Abweichungen?

5.2.2 Informationsprozesse

DEFINITION INFORMATION

„Information" wird im allgemeinen Sprachgebrauch gleichgesetzt mit den Begriffen Wissen, Auskunft, Nachricht, Mitteilung, Erkenntnis oder Erfahrung.

Im betrieblichen Sinne ist „Information" die zweckbestimmte Interpretation von Daten durch den Menschen, die im Unternehmen übermittelt, verarbeitet und gespeichert werden.

Information und Kommunikation sind heute für den Unternehmenserfolg unerlässlich und zu den wichtigsten Faktoren geworden. Denn nur **der informierte Mitarbeiter kann zielgerichtet mitarbeiten und mitdenken.**

? **Wie muss Information vermittelt werden (Anforderungen)?**

Informationen sind ...

- inhaltlich richtig,
- inhaltlich vollständig (umfassend),
- handlungsgerecht,

zu vermitteln.

- arbeitsunterstützend,
- ständig und rechtzeitig und
- verständlich

BEACHTE

Die Führungskraft ist verantwortlich, dass ihre Mitarbeiter die notwendigen Informationen zur mittelbaren und unmittelbaren Arbeitserledigung erhalten.

Welchen Zweck haben Informationen?

- Information führt zu einem Gewinn an Wissen
- Information schafft Motivation und Leistungsbereitschaft
- Information ermöglicht die Verringerung von Ungewissheit und verhindert damit Gerüchte
- Information ist eine Grundvoraussetzung für Leistung und Leistungsbereitschaft

DEFINITION INFORMATIONSPROZESS

Unter einem Informationsprozess versteht man den **dauernden Prozess der Informationsvermittlung.** Dieser ist der wesentliche Bestandteil der Unternehmensinformationspolitik.

Teilprozesse des Informationsprozesses sind:
- Informationsgewinnung
- Informationsübermittlung
- Informationsverarbeitung

5.2.3 Kommunikationsprozesse

Neben der Information ist die Kommunikation das wichtigste Führungsinstrument.

Kenntnisse von Kommunikationstheorien und Wissen um Kommunikationsabläufe sind folglich für die Mitarbeiterführung unerlässlich.

DEFINITION KOMMUNIKATION

communicare (lat.) = teilen, mitteilen, teilnehmen lassen, gemeinsam machen, vereinigen

Kommunikation ist die Verständigung, die Übermittlung oder Mitteilung von Informationen und die Übertragung von Bedeutungsinhalten. Gleichzeitig ist sie Bildung einer sozialen Einheit durch die Verwendung von Zeichen und Sprache.

Professionelle Gesprächsführung muss die grundlegenden Kenntnisse der Kommunikation berücksichtigen, um Missverständnisse zu vermeiden.

Ziel der Kommunikation ist das optimale Verstehen der Gesprächsbeteiligten.

Jedoch wird Kommunikation beeinflusst durch ...

- das Verhältnis der Gesprächspartner zueinander,
- ihre Erwartungen und „Phantasien" in Bezug auf den Gesprächspartner und auf das Gespräch sowie
- die Persönlichkeit und Biographie der Gesprächspartner.

BEACHTE

Eine erfolgreiche Informationsvermittlung setzt voraus, dass es zu keinen Störungen kommt und dass **Empfänger und Sender die jeweiligen Signale gleich deuten,** indem sie z.B. dieselbe Sprache sprechen.

? **Erläutern Sie das einfache Kommunikationsmodell (= Sender-Empfänger-Modell).**

Kommunikation bedeutet, dass eine Person (→ der Sender) verschlüsselte Zeichen als Nachricht übermittelt, die eine andere Person (→ der Empfänger) entschlüsseln kann.

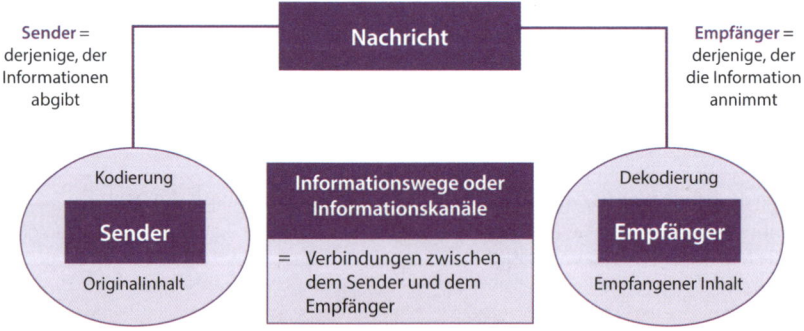

Sender =
derjenige, der
Informationen
abgibt

Nachricht

Empfänger =
derjenige, der
die Information
annimmt

Kodierung

Sender

Originalinhalt

**Informationswege oder
Informationskanäle**

= Verbindungen zwischen
dem Sender und dem
Empfänger

Dekodierung

Empfänger

Empfangener Inhalt

BEACHTE

Die Kodierung erfolgt unbewusst, z.B. durch Verwendung von Dialekten, Fremdwörtern, Fachbegriffen.

Welche Kommunikationsformen gibt es?

Man unterscheidet zwei Formen der Kommunikation:

Verbale Kommunikation	Nonverbale Kommunikation
verbal = in Worten	non-verbal = ohne Worte
Es geht um den sprachlichen Inhalt von Nachrichten, den Wortschatz, die Wortwahl, Satzbauregeln, Grammatik etc.	Es geht um die Verhaltensäußerungen einer Nachricht.
Beispiele: Sprache und Texte	Beispiele: Gestik, Blickverhalten, Mimik, Körperhaltung, Tonhöhe, Lautstärke, Kleidung, Modulation, Sprechtempo, Pausen, räumliches Distanzieren, Körperkontakt etc.

BEACHTE

In Gesprächen sind in der Regel die nonverbalen Botschaften mächtiger als die verbalen. Sobald nonverbale Signale nicht kongruent (= übereinstimmend) mit den verbalen Aussagen sind, wertet der Kommunikationspartner die nonverbalen Botschaften als die relevanteren.

Wodurch kann es zu Kommunikationsstörungen kommen?

- Teile der gesendeten Nachricht erreichen den Empfänger unvollständig oder nicht verständlich, z.B. Hörfehler, „Funkloch", Ablenkung, Undeutlichkeit, Lärmpegel
- Die Wahrnehmung erfolgt bereits selektiv, d.h., das Gehirn nimmt nicht alles wahr, um sich vor Informationsüberflutungen zu schützen
- Fehlinterpretationen: Wahrgenommene Nachrichten werden vom Empfänger mit einer falschen Bedeutung versehen

  Beispiel Fehlinterpretation:

  → Der brave Mann denkt an sich selbst zuletzt.

  → Der brave Mann denkt an sich. Selbst zuletzt.

- Empfänger versteht einzelne Wörter nicht, z.B. weil er das verwendete Fachvokabular nicht kennt
- Es fehlen Hintergrundinformationen, sodass man die gesendete Information nicht einordnen kann

- Der Empfänger interpretiert die Beziehungsbotschaft des Senders falsch oder hört eine andere Definition heraus, als gemeint war
- Belastete Beziehungen einzelner Gruppenmitglieder erschweren die Kommunikation

 Was versteht man unter Kommunikationssperren?

DEFINITION KOMMUNIKATIONSSPERREN

Kommunikationssperren sind Botschaften, die das Verhalten einer anderen Person steuern bzw. die andere Person beeinflussen sollen, sodass sie sich anders verhält.

- Kommunikationssperren signalisieren den Wunsch, den anderen zu verändern, statt ihn zu akzeptieren = Nicht-Bejahung
- Kommunikationssperren tendieren dazu, dem Problembesitzer Verantwortung zu entziehen

Beispiele für Kommunikationssperren:
- Befehle, Anordnungen, Aufforderungen
- Warnungen, Mahnungen, Drohungen
- Moralisieren, predigen, beschwören
- Beraten, Vorschläge machen, Lösungen liefern
- Beschimpfen, lächerlich machen, beschämen
- Ablenken, aufziehen, ausweichen

BEACHTE

Aktives Zuhören lässt das Problem beim Gegenüber und hilft ihm, es selbst zu lösen.

 Welche zwei Ebenen im Kommunikationsprozess werden nach Watzlawick unterschieden?

Nach Watzlawick hat **jede Kommunikation einen Inhalts- und Beziehungsaspekt**, d.h., Kommunikationsprozesse verlaufen auf zwei Ebenen, die sich ständig wechselseitig beeinflussen.

Sach-/Inhaltsebene	Beziehungs-/Gefühlsebene
In der Inhaltsebene geht es um den **Inhalt des Gesagten, um Worte, Informationen, Daten, Fakten, Sachverhalte** usw.	Auf der Beziehungsebene kommt zum Ausdruck, **wie der Sender zum Empfänger steht und was er von ihm hält.**
Auf der Inhaltsebene bleibt das emotionale Wechselspiel der Kommunikationspartner - im Gegensatz zur Beziehungsebene - außen vor.	Je nachdem, wie er ihn anspricht (Art der Formulierung, Körpersprache, Tonfall etc.), drückt er Wertschätzung, Respekt, Wohlwollen, Gleichgültigkeit, Verachtung o.ä. aus, und zwar unabhängig vom Inhalt der Mitteilung.
Ebene verstandesmäßiger Leistungen und sachlich-inhaltlicher Probleme	**Ebene der Gefühle und Empfindungen, der Beziehungen und Stimmungen**

Gespräche bestehen nicht nur aus einem sachlichen Informationsaustausch. In jedem Gespräch spielen auch die sozialen zwischenmenschlichen Beziehungen zwischen Sender und Empfänger eine Rolle.

Erläutern Sie das „Vier Seiten einer Nachricht Modell" nach Friedemann Schulz von Thun.

Das Vier-Seiten-Modell ist ein Kommunikationsmodell, nach dem jede Nachricht vier Botschaften enthält.

Wichtig:

Jeder Sender, ob er dies beabsichtigt oder nicht, sendet <u>immer</u> gleichzeitig alle diese vier Botschaften, die vom Empfänger auch wahrgenommen werden.

Sachinhalt	Eine Nachricht enthält Sachinformationen, nämlich das, worum es in der Sache geht. Gerade im betrieblichen Umfeld steht die Sache zumeist im Vordergrund. ■ Inhalt der Nachricht ■ Worüber wird informiert?
Beziehung	Eine Nachricht zeigt auch, welche Beziehung zwischen Sender und Empfänger besteht. Sie besagt insbesondere, was der Sender von seinem Gegenüber hält. ■ Was hält der Sender vom Empfänger? Wie steht der Sender zum Empfänger? ■ Wie fühlt sich der Empfänger vom Sender behandelt durch die Art, wie dieser mit ihm spricht? Wie redet der Sender eigentlich mit dem Empfänger? Will er ihn bevormunden?

Selbstoffenbarung	Jede Nachricht enthält auch Informationen über den Sender. Der Sender gibt mit dem, was er sagt, wie er es sagt, was er tut oder unterlässt immer auch etwas von sich selbst kund.
	■ Was tut der Sender über sich selbst kund?
	■ Was sagt eine Äußerung über den Sender aus? Was ist das für einer? Was ist im Augenblick mit ihm los?
Appell	Fast immer steht hinter einer Kommunikation auch eine Absicht. Der Sender will etwas beim Empfänger bewirken, etwas erreichen, Einfluss auf sein Denken und Handeln nehmen.
	■ Wozu will der Sender den Empfänger veranlassen?

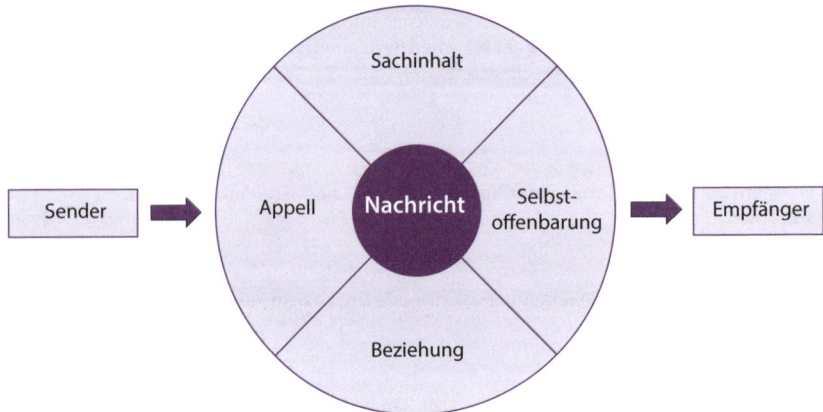

Abb.: Vier Seiten einer Nachricht von Schulz von Thun

Der Empfänger hat die Aufgabe, die Botschaft zu entschlüsseln.

Je nach Beziehung zwischen Sender und Empfänger, Lernerfahrungen des Empfängers, situativen Bedingungen oder Vorerfahrungen mit dem Sender der Botschaft, wird er einer Seite den Vorzug geben.

Aber, oft ist es dem Empfänger nicht bewusst, dass er eine Botschaft einseitig interpretiert.

 Was versteht man unter der Transaktionsanalyse (TA) nach Berne als Kommunikationsmodell?

Eric Berne entwickelte die Transaktionsanalyse aus der Beobachtung zwischenmenschlicher Kommunikation heraus. Kommunikationsabläufe werden **in Transaktionen differenziert** und dadurch für den Betrachter verstehbar und beeinfluss- bzw. veränderbar.

DEFINITION TRANSAKTION

transagere (lat.) = durchführen, vollenden

Eine Transaktion beschreibt eine stattfindende Kommunikation, und zwar das bewusste und unbewusste Austauschgeschehen zwischen Menschen und ihrer Umwelt, sowohl verbal als auch nonverbal.

Nach Berne besteht jeder Mensch aus drei verschiedenen "Personen" und **jeder trägt drei verschiedene "Ich-Zustände" in sich, aus denen er handeln und reagieren kann.** Diese Zustände des Bewusstseins verkörpern nicht etwa Rollen, sondern Realitäten, d.h., wenn man sich im Kindheits-Ich befindet, ist man wirklich ein Kind.

Die TA ermöglicht, prägende Erfahrungen für Denken, Handeln und Erleben zu identifizieren und persönliche Verhaltens– und Kommunikationsmuster zu verstehen.

Die drei Ich-Zustände der TA, die bei jeder Kommunikation beteiligt sind:

Verhalten, Denken und Fühlen, welches von Eltern oder Elternfiguren übernommen wurde	**Eltern-Ich**	Grundsätze, Werte, Regeln, Normen **Beachte:** In der Kommunikation äußert sich das z.B. darin, dass wir unseren Gesprächspartner bevormunden, ihm sagen, was er tun soll, sein Verhalten missbilligen, uns fürsorglich und bemutternd geben
Verhalten, Denken und Fühlen, das eine adäquate und direkte Reaktion auf das Hier und Jetzt ist	**Erwachsenen-Ich**	Objektive und sachliche Erfassung der Realität **Beachte:** Kommunizieren wir in unserem Erwachsenen-Ich-Zustand, dann behandeln wir unseren Gegenüber gleichwertig, respektvoll und sind sachlich-konstruktiv
Verhalten, Denken und Fühlen aus der eigenen Kindheit	**Kind-Ich**	Zwei Tendenzen: ■ freies Kind-Ich: spontan, kreativ ■ angepasstes Kind-Ich: gehorsam, ängstlich **Beachte:** Kommunizieren wir aus dem Kind-Ich, dann reagieren wir uneinsichtig, trotzig, aggressiv, albern oder unsicher. Aber auch neugierig, spielerisch kreativ oder intuitiv

Hinweise:

- Ein Mensch ist psychisch gesund, wenn die drei Ich-Zustände situationsgerecht und flexibel gelebt werden.
- Die Ich-Zustände, aus denen wir heraus kommunizieren, sind uns meist unbewusst. Wir nehmen sie automatisch ein, ohne darüber nachzudenken.
- Sprechen zwei Gesprächspartner aus der gleichen Ich-Ebene heraus, handelt es sich um eine **komplementäre Transaktion**.

Beispiel:

A: Ich möchte Sie über den Termin der nächsten Sitzung am 05.05. um 16.00 Uhr im Raum 501 informieren (Erwachsenen-Ich fragt Erwachsenen-Ich)
B: Vielen Dank, das werde ich mir gleich notieren (Erwachsenen-Ich antwortet Erwachsenen-Ich)

- Eine **überkreuzte Transaktion** finden statt, wenn jemand aus einer Ich-Position eine andere Ich-Position anspricht, der andere aber anders reagiert, in dem er aus einer anderen Ebene heraus antwortet.

Beispiel:

A: Wollen wir das mit der Urlaubsplanung folgendermaßen machen : ... (Erwachsenen-Ich stellt eine Frage an das Erwachsenen-Ich des anderen)
B: Immer willst du entscheiden, wie wir das mit der Urlaubsplanung machen (Kind-Ich antwortet)

5.2.4 Motivation

Die Frage nach der Motivation ist die Frage nach dem „Warum" des menschlichen Handelns und Erlebens.

DEFINITION MOTIVATION

Unter Motivation versteht man die innere Bereitschaft, für eine konkrete Situation oder Herausforderung ein bestimmtes Verhalten zu zeigen.

Motivation kann als Energetisierung des aktuellen Verhaltens in Richtung Zielerreichung verstanden werden, also eine aktivierte Verhaltensbereitschaft eines Individuums.

→ **Motivation ist die Voraussetzung für zielgerichtetes Verhalten**

Motiv	+	Anreiz	=	Aktion
Antrieb zum Handeln aufgrund von **Bedürfnissen und Erwartungen** Beispiele: Hunger, Durst		Dem **Mitarbeiter** Handlungsanreize bieten Beispiele: Sicherheit, Geld, Kompetenz, Status, Leistung		Bewirken eines **Verhaltens** des Mitarbeiters in Richtung Zielerreichung

Hinweis:

Erfolgreich zu motivieren heißt zunächst herauszufinden, woher der einzelne Mitarbeiter seine Eigenmotivation bezieht, also welche Antriebsfaktoren ihn dazu aktivieren, sich im Arbeitsleben zu engagieren.

BEACHTE

Ein Mitarbeiter, der an seinem Arbeitsplatz zufrieden ist, bringt eine höhere Leistung als ein unzufriedener Mitarbeiter. Die wesentliche Führungsaufgabe ist es daher, die Zufriedenheit des Mitarbeiters im Auge zu behalten.

Welche zwei Motivationsarten werden unterschieden? **?**

Die Motivationsarten beschreiben unterschiedliche psychologische Anreizmodelle für das menschliche Verhalten:

Direkte, primäre, intrinsische, innere Motivation (→ Eigenmotivation)	Indirekte, sekundäre, extrinsische, äußere Motivation (→ Fremdmotivation)
Motivation kommt **von innen heraus**; sie muss nicht fremd angeregt werden. **Hier wird aus Spaß, Neugier und hohem Interesse am Thema gelernt.**	Motivation wird **von außen angeregt und gesteuert**; sie kommt nicht aus dem Mitarbeiter selbst. **Lernen ist nur Mittel zum Zweck**, um entweder die Belohnung (materiell wie immateriell) zu erhalten, oder die Strafe/negativen Auswirkungen (z.B. Kritik, Verlust des Arbeitsplatzes) zu vermeiden.
Typische Beispiele: **Leistungsmotiv, Kompetenzmotiv, Gesellischkeitsmotiv** wie Interesse am Thema/an der Sache, Spaß, Selbstverwirklichung, Ehrgeiz, Leistungsfreude, Reiz des Neuen und Unbekannten, Neugier, Erkenntnisstreben, Problemlösungsinteresse	Typische Beispiele: ■ **Geldmotiv:** Gehaltserhöhung, Beförderung ■ **Prestigemotiv:** soziales Prestige, Anerkennung, Belobigung ■ **Sicherheitsmotiv:** keine Bestrafung, keine disziplinarischen Maßnahmen, keine Kündigung
Intrinsische Motivation beruht auf selbstbestimmten Faktoren, die jeder Einzelne für sich als wichtig erachtet; **das Handeln stimmt mit der eigenen Auffassung überein** - man ist bestrebt, eine Sache voll und ganz zu beherrschen	Extrinsische Motivation wird von Dritten mit dem Ziel vorgegeben, jemanden zu einem gewünschten Verhalten zu motivieren; **Handeln ist nur Mittel zum Zweck**, um eine von der Handlung trennbare Konsequenz zu erlangen

Direkte, primäre, intrinsische, innere Motivation (→ Eigenmotivation)	Indirekte, sekundäre, extrinsische, äußere Motivation (→ Fremdmotivation)
Faktoren, die die intrinsische Motivation fördern:	**Faktoren, die die extrinsische Motivation fördern:**
■ Mitspracherechte	■ Prämie, Belohnung, Belobigung
■ Entscheidungsfreiräume	■ Gehaltserhöhung
■ Selbstbestimmung	■ Lob und Anerkennung
■ Work-Life-Balance	■ Dienstwagen
■ Innovationsklima im Unternehmen	■ innerbetriebliche Aufstiegsmöglichkeiten, Beförderung
■ gelebte positiv Unternehmenskultur	■ Titel
■ persönliche Entwicklungsmöglichkeiten	■ Zahl der unterstellten Mitarbeiter
■ interessante verantwortungsvolle Arbeitsinhalte	■ disziplinarische Maßnahmen
■ Jobenrichment	
■ neue Herausforderungen	
■ Kreativität	

5.2.5 Motivationstheorien

Motivationstheorien suchen nach den Ursachen und der Veranlassung von menschlichen Handlungen.

Die bekanntesten Motivationsansätze sind die **Motivationstheorie von Maslow und die Zwei-Faktoren-Theorie von Herzberg.**

Motivationstheorie von Maslow

Der US-amerikanische Psychologe **Abraham Maslow** hat **1943** ein Modell veröffentlicht, die (Maslow'sche) **Bedürfnispyramide**, welche die **Hauptmotive der Arbeitnehmer** beschreibt.

Nach Maslow können die menschlichen Bedürfnisse nach einer bestimmten Rangordnung eingeteilt werden, die er in Pyramidenform darstellt. Erst wenn die Bedürfnisse einer unteren Stufe - in einem gewissen Maße - gestillt sind, strebt der Mensch nach Bedürfnissen der nächsthöheren Stufe.

Oder anders ausgedrückt:
Die nächsthöhere Stufe wird erst erklommen, wenn die tiefer gelegene Schicht ihm keine Probleme mehr macht.

Skizzieren Sie das Modell von Maslow (= Maslow´sche Bedürfnispyramide). **?**

Die Hierarchie der Bedürfnisse (= Bedürfnispyramide):

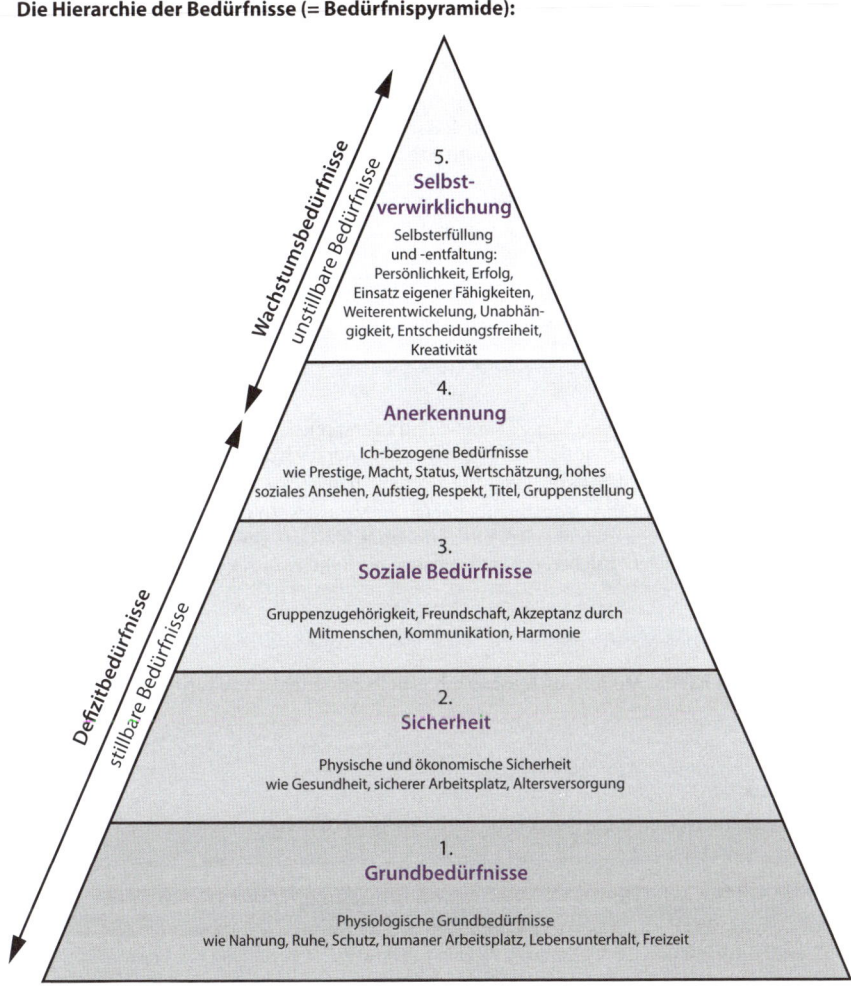

Abb.: Maslow´sche Bedürfnispyramide

183

Das Konzept von Maslow hat folgende Hauptgedanken:

1. Der Mensch wird in seinem Verhalten - oftmals unbewusst - von hierarchisch strukturierten Basisbedürfnissen geleitet, welche biologisch bedingt sind und allen Menschen eigen.

2. Die Bedürfnisse sind in einem **hierarchischen Stufenbau** angeordnet.
   Je niedriger die Ebene ist, umso wichtiger sind die Bedürfnisse für das eigentliche Überleben.
   Erst nach Befriedigung von Bedürfnissen einer Hierarchiestufe werden die Bedürfnisse der nächsthöheren Ebene relevant.

3. **Es gibt Defizitbedürfnisse (→ Mangelbedürfnisse, stillbare Bedürfnisse) und Wachstumsbedürfnisse (→ unstillbare Bedürfnisse).**
   Die Nichtbefriedigung von Defizitbedürfnissen (Stufen 1-3 und teilweise auch Stufe 4) können physische oder psychische Störungen zur Folge haben.
   Das vorrangige Wachstumsbedürfnis ist nach Maslow die Selbstverwirklichung (Stufe 5), die auf Entfaltung angelegt ist und grundsätzlich grenzenlos ist, d.h., sie kann <u>nie</u> endgültig befriedigt werden.

   Hinweis:

   Zu den Wachstumsbedürfnissen wird teilweise auch die Stufe 4 gezählt.

Wichtig:

- Es ist als Führungskraft wichtig, zu kennen und zu erkennen, auf welcher Motivationsebene sich der Mitarbeiter befindet, da ein Mensch immer nur nach der nächsthöheren Ebene strebt und die aktuell erreichte Ebene nicht verlieren möchte.

- Aber es ist auch klar, dass jeder Mitarbeiter ein individuelles Maß und einen individuellen Umfang für jede Eigenschaft in jeder Bedürfnisstufe hat. Dem einen genügt z.B. ein Minimum an materieller Absicherung, andere haben ein höheres Sicherheitsbedürfnis.

 Was hat das Modell von Maslow mit Arbeitszufriedenheit zu tun?

Grundsatz:

Ein Mitarbeiter ist zufrieden, wenn seine Bedürfnisse gestillt sind.

Bedürfnisse	Entwicklungspsychologisch	Arbeitsplatzbezogen
Grundbedürfnisse	Schlaf, Nahrung, Kleidung, Wohnung, humaner Arbeitsplatz, Lebensunterhalt, Freizeit	Beachtung von Tages-, Wochen- und Jahresrhythmus, Arbeitszeit, Pausen, Überstunden, Schichtarbeit, Freizeit, Urlaubsregelungen
Sicherheits- und Schutzbedürfnisse	Physische und ökonomische Sicherheit wie Gesundheit, sicherer Arbeitsplatz, Altersversorgung	Sicheres Einkommen, krisenfester und "unfallsicherer" Arbeitsplatz, betriebliche Altersvorsorge, Kündigungsschutz

Bedürfnisse	Entwicklungspsychologisch	Arbeitsplatzbezogen
Soziale Bedürfnisse	Zwischenmenschliche Bedürfnisse wie Gruppenzugehörigkeit, Freundschaft, Akzeptanz durch Mitmenschen, Kommunikation	Gute Kommunikation, Mitarbeitergespräche, Team- oder Gruppenarbeit, Weiterbildung, Treffen mit Kollegen, Betriebsausflüge
Anerkennungs-bedürfnisse	Anerkennung, Prestige, Macht, Status, Wertschätzung, hohes soziales Ansehen, Karriere, Respekt	Übernahme von Zuständigkeiten, Berufserfolg, Statussymbole, Aufstieg
Bedürfnis nach Selbstverwirklichung	Wunsch nach Selbsterfüllung und Selbstentfaltung: Entfaltung der eigenen Persönlichkeit, Einsatz eigener Fähigkeiten, sich weiterentwickeln, Erfolgserlebnisse haben, Streben nach Unabhängigkeit	Entscheidungsspielraum, berufliche Weiterentwicklung, Zielvereinbarungen, Erfolgserlebnisse

Zwei-Faktoren-Theorie von Herzberg

Herzbergs Zwei-Faktoren-Theorie ist eine **Theorie zur Arbeitszufriedenheit und Arbeitsmotivation.**

Hygienefaktoren	Motivatoren
Nicht-Unzufriedenheit ⬄ Unzufriedenheit	Arbeits-Zufriedenheit ⬄ Nicht-zufriedenheit
Hygienefaktoren sind **Faktoren, deren Fehlen Unzufriedenheit hervorruft, deren Vorhandensein aber nicht die Zufriedenheit erhöht.**	Motivatoren (= Zufriedenmacher) können Zufriedenheit herstellen und kommen aus dem Arbeitsinhalt.
<u>Grundidee der Hygienefaktoren:</u> Hygiene in der Medizin heilt zwar nicht, schützt aber vor einer Ausweitung der Krankheit.	**Motivatoren dienen als Anreize, um die Zufriedenheit zu erhöhen; ihr Fehlen führt aber nicht zwangsläufig zur Unzufriedenheit.**
Hinweise: ■ Häufig werden diese Faktoren gar nicht bemerkt oder als selbstverständlich betrachtet. **Sind sie aber nicht vorhanden, empfindet man dies als Mangel.** ■ Die Hygienefaktoren bilden die Grundlage für ein gesundes Betriebsklima.	**Das Streben nach Wachstum und Selbstzufriedenheit steht im Mittelpunkt.** Der Mitarbeiter möchte sich als Mensch entfalten, und nur dann entsteht echte und andauernde Zufriedenheit.

Hygienefaktoren	Motivatoren
Beispiele für Hygienefaktoren:	**Beispiele für Motivatoren:**
■ Entlohnung	■ Leistung, Erfolg, Anerkennung
■ Arbeitsbedingungen	■ Arbeitsinhalt, Verantwortung, Selbständig-
■ Personalführung, Führungsstil, Führungs- klima	keit
■ Zwischenmenschliche Beziehungen	■ Aufstieg und Beförderung
■ Unternehmenspolitik	■ Selbstbestätigung

? Was hat das Modell von Herzberg mit Arbeitszufriedenheit zu tun?

■ Die Untersuchungen des amerikanischen Wissenschaftlers Herzberg zeigen ein zweidimensionales Bedürfnissystem auf. Es besteht aus **Entfaltungs- und Entlastungsbedürfnissen.**

■ **Der Mensch - so Herzberg - möchte alles vermeiden, was das Leben anstrengend und kompliziert macht.**

■ Äußere Arbeitsbedingungen (→ **Hygienefaktoren**) wie Organisationsstruktur, Führungsklima, Entgelt und zwischenmenschliche Beziehungen sind für den Menschen kein Grund zur besonderen Zufriedenheit.

■ Dem Mitarbeiter geht es eher um Entfaltungsfaktoren, welche zu seiner Zufriedenheit führen. Herzberg nennt diese Faktoren **Motivatoren.**
Dazu zählen:
das Gefühl, etwas zu schaffen, sachliche Anerkennung, Verantwortung sowie berufliche und persönliche Weiterentwicklung.

BEACHTE

Die Hygienefaktoren können als eine Art „Startrampe" verstanden werden, d.h., ohne sie können die motivierenden Faktoren gar nicht erst wirken.

XY-Theorie nach McGregor

Nach der **XY-Theorie von McGregor** ist jede Führungsentscheidung (und damit auch das Führungsverhalten) durch das Menschenbild des Vorgesetzten geprägt.

Hierbei können zwei idealtypische Führungsbilder unterschieden werden:

■ X-Theorie/ X-Menschenbild

■ Y-Theorie/ Y-Menschenbild

X-Theorie: Mensch als träges, inaktives Wesen, das abgeneigt ist, Arbeit zu verrichten	Y-Theorie: Mensch als sich entwickelndes Wesen, das der Arbeit nicht abgeneigt ist
■ Der Mensch verabscheut die Arbeit, deshalb muss er kontrolliert, geführt und unter Strafandrohung gezwungen werden, im Sinne des Unternehmens zu arbeiten ■ Der Mensch will keine Verantwortung tragen, ist passiv, antriebsarm, desinteressiert und nicht ehrgeizig	■ Der Mensch will Leistung erbringen, sucht Verantwortung, setzt sich Ziele, strebt nach Selbstverwirklichung und Selbstkontrolle ■ Der Mensch ist engagiert, fleißig, eigenmotiviert, interessiert und kreativ ■ Der Mensch wird durch ein positives Erleben in der Tätigkeit selber motiviert. Spaß, Freude oder Interesse an der Tätigkeit stehen im Vordergrund
Konsequenz des X-Menschenbildes: Führungskraft führt durch ■ Kontrolle und Strafe, ■ autoritären Führungsstil und ■ fehlende Rücksichtnahme auf die Bedürfnisse der Mitarbeiter.	**Konsequenz des Y-Menschenbildes:** Führungskraft führt durch ■ Motivation und Einbeziehung der Mitarbeiter, ■ kooperativen Führungsstil und ■ Beachtung der Wünsche der Mitarbeiter.

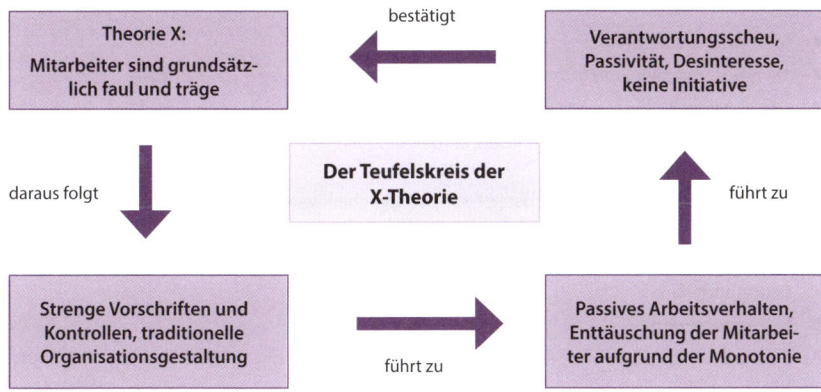

Abb.: X-Theorie

Und umgekehrt:

Die verstärkende Wirkung des Y-Menschenbildes führt zu Engagement und Verantwortungsbereitschaft für die Arbeit.

187

5.2.6 Teamprozesse

 Was ist ein Team?

DEFINITION TEAM

Ein Team ist eine Gruppe, die sich als Einheit sieht und sich nach außen hin abgrenzt. Es arbeitet relativ selbständig an einer gemeinsamen Aufgabe, also ohne strukturelle Vorgaben von außen, und auch der Lösungsweg wird durch das Team bestimmt.

Grundidee der Arbeit im Team ist das Zusammenwirken ergänzender Fähigkeiten und Fertigkeiten der Teammitglieder, um ein Ergebnis zu erreichen, das für jedes einzelne Teammitglied allein nicht leistbar gewesen wäre.

 Welche Merkmale kennzeichnen ein Team?

- Mindestens 3 Mitglieder
- Gemeinsame Ziele und Interessen
- Gemeinsames Werte- und Normensystem
- Zusammengehörigkeitsgefühl, Gruppenbewusstsein, „Wir-Gefühl", Teamidentität
- Gegenseitige Beeinflussung,
  z.B. gemeinsame Verhaltensmuster, Gruppensprache „Geheimcode"
- Relativ langfristiges Überdauern des Zusammenseins
- Aufbau einer Gruppenstruktur wie Aufgaben- und Rollenzuweisungen, Statusverteilung, Gruppendynamik
- Selbststeuerung
- Direkter Kontakt der Gruppenmitglieder, kontinuierliches Kommunikations- bzw. Interaktionsverhältnis
- Die Mitglieder tragen zur Erreichung der Teamziele mit ihren jeweiligen Fähigkeiten bei

 Welche Phasen der Teamentwicklung werden unterschieden?

Sobald Gruppen neu zusammengestellt sind, beginnt die Gruppe, sich zu organisieren und zu entwickeln. Das Team muss sich orientieren, Konflikte ausleben und beseitigen, Kompromisse schließen und insbesondere zusammenwachsen, um zu einer effizienten Zusammenarbeit zu gelangen.

Folgende 4 typischen Phasen der Teambildung (nach Tuckman) sind zu beobachten:

1. Forming	= Orientierungsphase In dieser Phase entsteht das Team. Die Mitglieder kommen mit bestimmten Erwartungen und sind auf der Suche nach ihrer Rolle innerhalb des Teams. Man beschnuppert sich gegenseitig und versucht, sich zu profilieren.	Kontaktaufnahme, Kennenlernen, Abtasten, Unsicherheit, Höflichkeit
2. Storming	= **Konfrontationsphase** **Wichtigste Phase!** Es wird um Machtpositionen gekämpft, Meinungen werden strikt vertreten und persönliche Differenzen der Teammitglieder untereinander deutlich. Dazu kommt, dass die eingesetzten Methoden und die Teamleitung diskutiert oder gar angegriffen werden.	Machtkämpfe, Konflikte, Egoismen, Kampf um Rollen, Frustrationen, Stillstand, Konfrontation
3. Norming	= **Kooperationsphase** Die Wogen im Team haben sich geglättet, Verhaltensnormen werden deklariert, und es ist ein Wir-Gefühl entstanden. Jetzt beginnt die eigentliche Arbeit im Team. Gedanken, Daten und Ideen werden offen ausgetauscht und bewertet.	Spielregeln, Gruppennormen, Vertrauen, Wir-Gefühl, Offenheit, sachliche Auseinandersetzung
4. Performing	= **Wachstumsphase, Hochleistungsphase** In dieser Phase sind dank der hohen Teamkohäsion (= Teamzusammenhalt) Spitzenleistungen möglich. Die Gruppe steuert sich überwiegend selbständig. Konflikte und andere Probleme werden in Feedbacksitzungen diskutiert und in der Regel auch gelöst.	Hochleistungsteam, produktiv, offen, leistungsfähig, flexibel, ideenreich, hilfsbereit

Hinweise:

- Bruce Tuckman (1938-2016) entwickelte 1965 dieses idealtypische Phasenmodell für die Teamentwicklung. Im Jahr 1977 wurde das Modell um eine fünfte Phase (**adjourning** = **Auflösungsphase**) ergänzt.

- Es kann keine der Phasen ausgelassen werden, jedoch können Dauer und Ausprägung der Phasen sehr unterschiedlich sein.

- Bekannt ist dieses Modell der Teamentwicklung auch unter dem Namen **Teamuhr** oder **Teamentwicklungsuhr**.

Die Kenntnis über Entwicklungsabläufe von Gruppen (→ Tuckman Modell des Teambuilding) hilft Teams und Führungskräften dabei,

- Teambuilding zu erleichtern und Orientierung zu erhalten, z.B. kann der Teamleiter den aktuellen Stand des Teams einschätzen und es zielgerichtet in die nächste Phase führen,
- zu verstehen, warum Situationen entstanden sind,
- zu verstehen, wie wichtig konstruktiv geführte Konflikte sind,
- nützliche Feedbackmechanismen einzuführen,
- gezielter in einen möglichst leistungsfähigen Zustand zu kommen, um ideenreich und flexibel arbeiten zu können sowie
- offen, hilfsbereit und solidarisch mit Kollegen umzugehen.

- Rahmenbedingungen, die Selbstorganisation und Zusammenarbeit ermöglichen
- Klare Vorgaben und klar definierte Ziele, die von allen mitgetragen werden
- Handlungs– und Entscheidungskompetenzen
- Zusammengehörigkeitsgefühl (Wir-Gefühl)
- Eine positive interne Beziehungsstruktur der Gruppenmitglieder untereinander
- Gegenseitige Wertschätzung und Unterstützung sowie offene und direkte Kommunikation bei gegenseitigem Respekt und innerem Zusammenhalt der Gruppe
- Eine geklärte und von allen akzeptierte Verteilung von Funktionen und Rollen
- Von allen akzeptierte Regeln und evtl. Standards

Der Vorgesetzte muss die idealtypischen Entwicklungsphasen kennen, um den Gruppenbildungsprozess fördern zu können, d.h.,

- in der Forming-Phase sollte die Führungskraft das Kennenlernen fördern und die Überwindung von Unsicherheiten unterstützen; die Führungskraft muss klare Ziele setzen und Erwartungen abklären,

- in der **Storming-Phase** ist es Aufgabe der Führungskraft, die Selbststeuerung der Gruppe zu stärken und die Konsensbildung zu fördern; Ursachen und Hintergründe von Macht- kämpfen sollten bewusst gemacht werden; Regeln der Zusammenarbeit müssen erarbeitet werden,
- in der **Norming-Phase** sollte die Führungskraft motivieren; Fortschritte in den Lernprozes- sen und Kooperation verdeutlichen; beobachten, ob Strukturen, Rollen und Arbeitsweise sinnvoll sind,
- in der **Performing-Phase** soll die Führungskraft hohe Selbststeuerung und Freiräume zulassen.

Was sind die Vor– und Nachteile der Teamarbeit? ?

Mögliche Vorteile der Teamarbeit	Mögliche Nachteile der Teamarbeit
■ Das Team vermag Leistungen zu erbringen, die Einzelnen nicht möglich sind	■ Höherer Kommunikations– und Koordinationsaufwand
■ Mehr Motivation und höhere Identifikation mit den Zielen durch emotionale Faktoren wie Kontakt, Geborgenheit, Sicherheit	■ Höherer Zeit– und Kostenaufwand
■ Nutzung von Synergien	■ Langsame Entscheidungsfindung, ggf. Entscheidungslosigkeit
■ Mehr Fantasie und Kreativität	■ Verantwortung ist schlechter zuzuordnen (→ Verantwortungsdiffusion)
■ Berücksichtigung unterschiedlicher Perspektiven und verschiedenes Sachwissen	■ Es kann zu „Mitläufertum" kommen
■ Verständnis für Entscheidungen	■ Anpassungsdruck (→ Konformitätsdruck)
■ Tragfähigere Entscheidungen, kollektive Kontrolle	■ Konflikte, Machtkämpfe, Cliquenbildung bis hin zu rivalisierenden Teilgruppen
■ Risiko des Einzelnen wird auf die Gruppe verteilt, wodurch eine höhere Risikobereit- schaft entsteht	■ Wenn die Phasen 1 und 2 nicht überwunden werden, ist die Gruppe nicht arbeitsfähig und folglich sind die Voraussetzungen einer Teamarbeit nicht gegeben
■ Verbesserung der Sozialkompetenz	

5.2.7 Innovationsprozesse

Der Zwang zur Innovation:

Innovationen sind unbestritten der Schlüssel, um neue Herausforderungen zu meistern und um wettbewerbsfähig zu bleiben.

Globalisierung, verkürzte Technologie– und Produktlebenszyklen, wachsender Preis– und Kostendruck, veränderte Kundenwünsche und neue Wettbewerber (= **die Dynamisierung**

des Wirtschaftsgeschehens) haben in den Unternehmen dazu geführt, Innovationsprozesse einzuführen.

Aber, Innovationen müssen nicht immer außergewöhnlich sein, auch vergleichsweise kleine Schritte führen zum Erfolg.

DEFINITION INNOVATION

Das Wort Innovation ist von den lateinischen Begriffen novus „neu" und innovatio „etwas neu Geschaffenes" abgeleitet. Innovation heißt damit wörtlich „Neuerung" oder „Erneuerung".

Im allgemeinen Sprachgebrauch wird der Begriff unspezifisch im Sinne von neuen Ideen und Erfindungen und für deren wirtschaftliche Umsetzung verwendet.

? **Welche Möglichkeiten bestehen für das Unternehmen, Innovation zu initiieren?**

- Einführen eines betrieblichen Vorschlagswesens BVW
- Einführung eines kontinuierlichen Verbesserungsprozesses KVP
- Einrichten von Qualitätszirkeln
- Umkehrung von Fehlschlägen im Sinne von „aus den Fehlern lernen"
- Initiative zur Innovation, z.B. Ausschreibung eines Wettbewerbs
- Kreativitätsfördernder Führungsstil
- Verbesserung der Teamarbeit
- Aufnahme von Wünschen der Kunden und der Zulieferer
- Beteiligung von Forschungsinstituten
- Prämierung der besten unternehmensinternen Erfindung

? **Was muss das Unternehmen bei der Gestaltung von Innovationsprozessen berücksichtigen?**

Grundsätzlich können Innovationen nicht befohlen werden. Aber es kann ein Klima geschaffen werden, das die Kreativität der Mitarbeiter ermöglicht und fördert.

- Eine **gelebte innovationsfördernde und kreative Unternehmenskultur** mit starker Einbindung der Mitarbeiter
  - → „Mitarbeiter werden zu Beteiligten gemacht"

→ Freiräume zum Denken bieten und Ideen wertschätzen

→ Förderung der Mitarbeiter in Kreativitätstechniken

→ Anpassung der internen und externen Kommunikation

■ Eine **auf die Bedürfnisse des Unternehmens angepasste Innovationsstruktur,** d.h. die strategische Einbindung der Innovationsprozesse

■ Nach **objektiven Kriterien festgelegter Innovationsprozess**

→ Klare Richtlinien und Transparenz,
z.B., Wie werden Ideen eingereicht und nach welchen Kriterien kommt eine Entscheidung zustande?

→ Festsetzung der Instrumente, Techniken, Methoden und Ressourcen

→ Festlegung der Ansprechpartner im Innovationsprozess

BEACHTE

Innovation ist ein Prozess, der von den Mitarbeitern entdeckt und genutzt sowie vom Unternehmen umgesetzt und institutionalisiert werden muss.

Kontinuierlicher Verbesserungsprozess KVP

DEFINITION KONTINUIERLICHER VERBESSERUNGSPROZESS KVP

Unter KVP versteht man, dass die Mitarbeiter ihre eigene Arbeit ständig überdenken und nach ständigen Verbesserungen streben, die sie selbst bzw. im Team vornehmen.

= Nachhaltiger Prozess stetiger kleiner Verbesserungsschritte

---

Zentrale Ansatzpunkte des KVPs:

■ Der Mitarbeiter ist nicht mehr Spielball, sondern Experte der Optimierung, d.h., ihm wird das Erkennen der Probleme, das Finden alternativer Lösungen und deren Umsetzung zugetraut (→ Mitarbeiterorientierung).

■ Standards werden in kleinen Schritten ständig verbessert, und die Zahl der Standards wird erhöht (→ Qualitäts-, Prozess– und Ergebnisorientierung).

■ KVP betrachtet das Wissen und die Fähigkeiten der Mitarbeiter als das wichtigste Kapital im Unternehmen.

Ziele des KVPs:

■ Steigerung der Produktivität und Rentabilität

■ Kontinuierliche Verbesserung der Produkte, der Qualität und der Abläufe

■ Feststellen von Schwachstellen und Vermeidung von Fehlern

■ Schaffung verbesserter Arbeitsbedingungen

- Kosteneinsparung und Abbau von Verschwendung jeder Art
- Beteiligung und Einbeziehung der Mitarbeiter
- Motivation der Mitarbeiter
- Erhöhung der Kundenzufriedenheit
- Aktivierung und Erhöhung eigenverantwortlicher Denk– und Verhaltensweisen und damit der Selbstorganisation der Mitarbeiter
- Identifikation der Mitarbeiter mit dem Produkt

5.3 Beraten der Führungskräfte

5.3.1 Berater-/Coachrolle

Was versteht man unter einem Coach/Berater?

Der Begriff „Coach" stammt aus dem Englischen und bedeutet Kutsche. Er beschreibt also ein Entwicklungsinstrument, das es Menschen ermöglicht, von einem Ort zum anderen zu gelangen.

Der Coach begleitet den Mitarbeiter bei der Realisierung eines Anliegens oder der Lösung eines Problems. Der Coach zeigt Wege zur Problemlösung auf. Durch einen Gesprächsprozess wird der Mitarbeiter zu einem selbstgefundenen oder selbstentwickelten Lösungsweg hingeführt (= **Hilfe zur Selbsthilfe**).

Daneben begleitet er als Coach die individuelle Entwicklung der Mitarbeiter. Er hilft bei der Entfaltung persönlicher Ressourcen, fördert und fordert, berät und gibt Feedback.

Welches Ziel verfolgt das Coaching im beruflichen Kontext?

Das Ziel des Coaching ist die Verbesserung der **Lern- und Leistungsfähigkeit sowie die Steigerung der Motivation** unter Berücksichtigung der Ressourcen des Mitarbeiters.

Welche wichtigen Voraussetzungen benötigt ein erfolgreicher Coachingprozess?

- Vertraulichkeit,
  d.h., der Coach muss die erhaltenen Informationen vertraulich behandeln
- Freiwilligkeit und Selbstverantwortung des zu Beratenden
- Aufbau eines Vertrauensverhältnisses

Der Personalfachkaufmann in der Rolle des Coachs

Veränderungen bei Einzelnen, Teams und ganzen Organisationen professionell zu begleiten wird auch für Personalfachleute immer wichtiger.

Personalfachkaufmann als Coach bedeutet, dass er ...

Koordinator, Organisator, Trainer, Unterstützer, Beurteiler, Methodenspezialist, Moderator, Vermittler, Innovator und vieles mehr sein soll.

Um diesen Rollen und Aufgabenstellungen gerecht zu werden, benötigt der Personalfachkaufmann

- **soziale und personale Kompetenz**
  D.h., der Personalfachkaufmann soll insbesondere persönliche Autorität, Fähigkeit zur Motivation und emotionale Kompetenz (= Empathie) besitzen. Er sollte kommunikationsfähig, teamfähig und problemlösefähig sein. Daneben sollte er über Ausdauer verfügen und belastbar sein.

  Beachte:
  Die sozialen und personalen Kompetenzen sind von ganz entscheidender Bedeutung.

- **methodische Kompetenz**
  Der Personalfachkaufmann soll insbesondere Moderations-, Besprechungs-, Analyse-, Präsentations- und Problemlösetechniken, aber auch Projektplanungsmethoden beherrschen.

- **fachliche Kompetenz**
  Der Personalfachkaufmann soll Erfahrungen mit Teams, Organisationen, dem Tragen von Entscheidungs- und Personalverantwortung haben.

- **institutionelle Befugnisse**
  Der Personalfachkaufmann benötigt institutionelle Befugnisse, um seine Aufgaben wahrnehmen zu dürfen.

5.3.2 Beratungskonzepte

? In welchen Schritten geht man bei der Erstellung eines Beratungskonzeptes in der Personalarbeit vor?

Vor der Einführung eines Beratungskonzeptes muss Folgendes geklärt werden:

1. **Erfassung des Ist-Zustandes**
   - Ausgangslage?
   - Hintergrund für die Einführung des Konzeptes? Wofür wird ein Konzept gebraucht?

2. Strategiebestimmung

- Schwerpunkt der Beratung? Klares Beratungsziel definieren
- Wer soll beraten? Wer soll beraten werden?
- Zeitraum festlegen
- Kontrollmaßnahmen festlegen
- Wie sollen und können Führungskräfte und Mitarbeiter in das Beratungskonzept frühzeitig einbezogen werden?

ABLAUF DER KONZEPTERSTELLUNG:

1. Beratungsaufgabe und Beratungsziel definieren
2. Zeitplanung festlegen
3. Maßnahmen planen
4. Maßnahmen im Probelauf umsetzen
5. Kontrolle der Zielerreichung
6. Einführung des Beratungskonzeptes im gesamten Unternehmen

Welche Managementphilosophien als Beratungskonzepte werden unterschieden? **?**

DEFINITION MANAGEMENTPHILOSOPHIEN

Unter Managementphilosophien versteht man grundlegende Einstellungen, Überzeugungen und Wertvorstellungen der Unternehmen, welche maßgeblich das Denken und Handeln der Führungskräfte in diesem Unternehmen beeinflussen.

Folgende Managementkonzepte werden u.a. in der konkreten betrieblichen Praxis gelebt:

- Change Management
- Lean Management
- Business Process Reengineering BPR
- Kaizen und Kontinuierlicher Verbesserungsprozess KVP
- Balanced Scorecard BSC
- Kanban

Change Management	= **Veränderungsmanagement,** d.h., **bewusster Steuerungsprozess,** der die Veränderungen in einer Organisation für Mitarbeiter initiiert und steuert. Das Unternehmen und damit auch die Mitarbeiter sehen sich ständig einem veränderten Umfeld gegenüber. Change Management ermöglicht, diese Veränderungen professionell zu managen und das Unternehmen flexibel an die sich ständig veränderten Umweltbedingungen anzupassen.
Lean Management	= **Schlankes Management** **Ziel:** **Effiziente Gestaltung der gesamten Wertschöpfungskette** industrieller Güter durch flache Hierarchien.
Business Process Reengineering BPR	= **Geschäftsprozessneugestaltung,** d.h. grundlegendes Überdenken des Unternehmens und seiner Geschäftsprozesse sowie die Reorganisation der geschäftlichen Abläufe im Unternehmen
Kaizen und KVP	Kaizen (jap.) = Veränderung zum Besseren Kaizen ist eine **japanische Lebens- und Arbeitsphilosophie,** die das **Streben nach ständiger Verbesserung** zu ihrer Leitidee gemacht hat. Kaizen will die Fähigkeit aller Mitarbeiter zur ständigen Verbesserung der Geschäftsabläufe im Sinne der Unternehmensziele aktivieren. **Beachte:** Der Begriff Kontinuierlicher Verbesserungsprozess (KVP) wird in der Praxis oft synonym zu Kaizen verwendet, allerdings ist KVP nur ein Element innerhalb von Kaizen. Weitere Elemente innerhalb von Kaizen (→ Schirmkonzept) sind z.B. TQM/TQC, Kanban, Just-in-time etc.
Balanced Scorecard BSC	Balanced Scorecard (engl.) = ausgewogene Bewertungskarte Das Prinzip der Balanced Scorecard ist, das Unternehmen ganzheitlich aus allen relevanten Sichten/Sichtweisen mit Hilfe eines Kennzahlensystems zu betrachten und transparent abzubilden. Hierbei werden für jede Führungsebene die geeigneten und entscheidungsrelevanten Kenngrößen aus diesen Sichten kompakt dargestellt (= **strukturierte Strategiematrix**). **Klassisch unterscheidet man folgende Sichten:** ■ die Finanzsicht, ■ die Kunden- bzw. Marktsicht, ■ die Prozesssicht und ■ die Mitarbeitersicht (Lernen, Entwicklung). Welche Sichten im Unternehmen relevant sind, ist individuell verschieden und abhängig von der Strategie, der Branche u.a. **Ziel:** Entscheidungshilfe zur Umsetzung und Erreichung der strategischen Unternehmensziele durch Messgrößen und Meilensteine.

Kanban	= **Methode der Produktionsablaufsteuerung nach dem Hol- oder Zurufprinzip (engl.: Pull-Prinzip),**
	d.h., es wird sich ausschließlich am Bedarf einer verbrauchenden Stelle im Fertigungsablauf orientiert.
	= **Produktion auf Abruf**
	Ziele:
	■ Nachhaltige Reduzierung der Lagerbestände und damit Reduzierung von Kapitalbindung
	■ Vermeidung hoher Lagerkosten
	■ Erhöhung der Flexibilität
	■ Hohes Anpassungspotenzial bei kurzfristigen Änderungen der Bedarfsmenge

5.3.3 Beratungsprozesse

In welchen Phasen soll der Beratungsprozess durchgeführt werden? **?**

1. Probleme erkennen und gewichten

Klärung des Ausgangslage
■ wichtig/dringlich
■ operativ/strategisch

Phasen des Beratungsprozesses

4. Kontrolle der Maßnahmen und des Ziels

■ Wurde das gesteckte Ziel auch erreicht?
■ Bei Feststellung von Abweichungen sind diese zu erörtern und zu korrigieren
■ Nutzen für die Beteiligten und für das Unternehmen herausstellen

2. Klare Ziele vereinbaren

■ Beratungsaufgabe definieren
■ Beratungsziel definieren (SMART)
■ Zeitplanung definieren
■ Welche Mittel stehen zur Verfügung?

3. Maßnahmen und Methoden planen und umsetzen

■ Entwickeln verschiedener Lösungsstrategien
■ Entscheidung für die effektivste Maßnahme

6

Betriebliche Arbeitsformen mitgestalten, Grundsätze moderner Arbeits– und Lernorganisation umsetzen

6.1   Moderne Arbeitsorganisation

Die zunehmende Zerlegung der Arbeitsaufgaben im Zuge der Rationalisierung industrieller Produktionsprozesse (→ Taylorismus) rief in der ersten Hälfte des 20. Jahrhunderts Kritik an der „seelenlosen" monotonen Fabrikarbeit hervor. Ab Mitte der 1960er Jahre drängte eine massive Gegenbewegungen auf Humanisierung und Demokratisierung in der Arbeitswelt.

 Was versteht man unter Arbeitsorganisation/-strukturierung?

Der Begriff Arbeitsstrukturierung wurde im Rahmen der Kritik am Taylorismus geprägt und wurde als Programm zur Überwindung stark arbeitsteiliger und hoch hierarchischer Arbeitsstrukturen aufgefasst. Die Arbeitsstrukturierung war von Anfang an auf eine **Verringerung von Arbeitsteilung in Organisationen** gerichtet.

Arbeitsstrukturierung umfasst **alle Maßnahmen zur Veränderung der Arbeitsorganisation** und ist damit Teil der Arbeitsgestaltung.

Häufig zitierte Arbeitsstrukturierungen: Jobenlargement und Jobenrichment.

6.1.1   Gruppen-/Teamarbeit/ Inselkonzepte

Nach **§ 87 Abs.1 Nr.13 BetrVG** liegt Gruppenarbeit im Sinne dieser Vorschrift vor, wenn im Rahmen des betrieblichen Arbeitsablaufs eine Gruppe von Arbeitnehmern eine ihr übertragene Gesamtaufgabe im Wesentlichen eigenverantwortlich erledigt.

 Welche Merkmale kennzeichnen eine Arbeitsgruppe?

- Mindestens 3 Mitglieder
- Gemeinsame Ziele und Interessen
- Gemeinsames Werte- und Normensystem
- Innerer Zusammenhalt (= Gruppenkohäsion), Zusammengehörigkeitsgefühl, Gruppenbewusstsein, „Wir-Gefühl", Teamidentität
- Gegenseitige Beeinflussung,
  z.B. gemeinsame Verhaltensmuster, Gruppensprache „Geheimcode"
- Relativ langfristiges Überdauern des Zusammenseins

- Aufbau einer Gruppenstruktur wie Aufgaben- und Rollenzuweisungen, Statusverteilung, Gruppendynamik
- Selbststeuerung
- Direkter Kontakt der Gruppenmitglieder, kontinuierliches Kommunikations- bzw. Interaktionsverhältnis
- Die Mitglieder tragen zur Erreichung der Teamziele mit ihren jeweiligen Fähigkeiten bei

Welche Grundsätze sind bei der Zusammensetzung von betrieblicher Gruppenarbeit zu berücksichtigen?

- Größe der Gruppe (maximal 12 - 15 Mitarbeiter)

  Hinweis: Die individuelle Leistung nimmt bei zunehmender Gruppengröße ab (→ Ringelmann-Effekt)
- "Verbundenheit" der Gruppe, Solidarität der Mitglieder
- Keine größeren Konflikte der Mitglieder untereinander
- Reife der Mitglieder, innere Bereitschaft der Mitglieder zur Gruppenarbeit
- Klare Aufgabenstellung bzw. Zielsetzung
- Ein hohes Maß an Verantwortungsbereitschaft aller Mitarbeiter
- Anpassungsleistung des einzelnen Mitarbeiters im Hinblick auf die Ziele; die erforderlichen und gewünschten Mittel und Wege, um das Ziel zu erreichen; die speziellen Rollenanforderungen und Erwartungen aufgrund der Position, sowie die demokratischen Verhaltensvorschriften, an denen sich alle Gruppenmitglieder orientieren müssen (z.B. Verschwiegenheit)
- Die Teammitglieder sollen alle erforderlichen fachlichen und persönlichen Kompetenzen zur bedarfsgerechten Aufgabenerledigung auf sich vereinen; sie sollten möglichst unterschiedliche Qualifikationen besitzen, um sich gegenseitig optimal zu ergänzen

Welche Vor- und Nachteile bietet die Gruppenarbeit?

Mögliche Vorteile der Gruppenarbeit	Mögliche Nachteile der Gruppenarbeit
- Die Gruppensituation bietet die Möglichkeit, neue Sichtweisen, Interpretationen und Perspektiven kennenzulernen und vom Wissen der anderen Gruppenmitglieder zu profitieren	- Höherer Kommunikations- und Koordinationsaufwand
- Das Lernen in einer Gruppe ist oft anregender und motivierender als das Lernen alleine („man bleibt bei der Stange")	- Vorurteile, Abgrenzungen, Ausgrenzungen und ähnliches können in der Gruppe verstärkt werden
	- Rivalitäten und Akzeptanzprobleme untereinander führen zu Spannungen, Konflikten und Parteibildungen, was wiederum die Arbeit lähmt oder gar blockiert

Mögliche Vorteile der Gruppenarbeit	Mögliche Nachteile der Gruppenarbeit
■ Die Gruppe bietet mehr Kreativität und Ideenreichtum z.B. bei Problemlösungen ■ Wer sich aktiv am Gruppengeschehen beteiligt, lernt zu argumentieren, zu diskutieren und sein Wissen verständlich und strukturiert vorzutragen; daneben bekommt er mehr Selbstbewusstsein ■ Gruppenarbeit bietet gegenseitige Unterstützung sowie Lern- und Entwicklungsmöglichkeiten ■ Mehr Motivation und höhere Identifikation mit den Zielen durch emotionale Faktoren wie Kontakt, Geborgenheit, Sicherheit ■ Tragfähigere Entscheidungen und Verständnis für Entscheidungen ■ Die Gruppe vermag Leistungen zu erbringen, die Einzelnen nicht möglich sind → Nutzung von Synergien	■ Große Gruppen kommen oftmals langsamer voran, da alle Gruppenmitglieder einbezogen werden müssen ■ Einzelne Personen können die Arbeit bzw. den Rest der Gruppe dominieren ■ Rollenverteilungen können zur einseitigen Übernahme von „Lieblingsfunktionen" führen ■ Gruppenarbeit ist nicht für jede Aufgabenstellung geeignet ■ Überforderung von „Einzelkämpfern" ■ Abhängigkeit von der Gruppe (→ Gruppendruck) ■ Es kann zu „Mitläufertum" kommen ■ Verantwortung ist schlechter zuzuordnen (→ Verantwortungsdiffusion)

? **Welche Einflussfaktoren wirken auf die Gruppenarbeit ein?**

■ **Gruppe:**
Zusammensetzung der Gruppe, Gruppendynamik, Verhalten untereinander, Gruppenklima, Gruppenzusammenhalt, Größe der Gruppe

■ **Führung der Gruppe:**
Führungsstil, Person der Gruppenführung

■ **Kultur der Organisation, in der das Team arbeitet/Unternehmenskultur:**
Werte, Normen, Führungskultur, Mitarbeiterkultur, Lernkultur, Dienstleistungskultur, Unternehmenskommunikation

■ **Umweltbedingungen:**
Ressourcen des Teams, wie Zeit, Geld und Arbeitsstrukturen, Arbeitsumgebung, Rahmenbedingungen, Freiräume

■ **Thema der Gruppenarbeit/Aufgabenstellung:**
smarte Ziele, Zielbildungsprozess, klare Aufgabenstellung, Unternehmensstrategie

■ **Gruppenmitglied selbst:**
Qualifikation, Erfahrung, Bedürfnisse, Interessen, Motivation, Einstellung, Verhalten

Was versteht man unter formellen und informellen Gruppen? **?**

Formelle Gruppen	Informelle Gruppen
Formelle Gruppen sind nach rationalen Kriterien organisiert, bewusst geplant und eingesetzt, sowie stark ergebnisorientiert.	Informelle Gruppen sind in der Zusammensetzung zufällig und bilden sich spontan auf **freiwilliger Basis.**
Sie sind **von außen vorgegeben** bzw. haben von außen vorgegebene Aufgabenstellungen.	**Die Gruppe bildet sich aufgrund persönlicher Bedürfnisse, Sympathien und sozialer Gemeinsamkeiten.** Soziale Bedürfnisse stehen im Vordergrund.
Ihre Verhaltensweisen, Ziele und Rollen sind normiert und extern vorgegeben.	Sie werden nicht von außen vorgegeben. Sie bestehen zwischen oder neben formellen Gruppen.
	Die Gruppe selbst verteilt Rollen, Aufgaben und organisiert sich selbst.
Beispiele:	Beispiele:
▪ Auszubildende des Unternehmens	▪ Freundeskreis
▪ Mitarbeiter einer Abteilung	▪ Freizeitgruppen/Hobbygruppen
▪ Projektgruppen, Arbeitsgruppen	▪ Lerngemeinschaften/Lerngruppen
▪ Teilnehmer einer Weiterbildung bei der IHK	▪ Fahrgemeinschaften
	▪ Pausengemeinschaften

Formen der Gruppenarbeit

Nach welchen Faktoren können die Formen der Gruppenarbeit unterschieden werden? **?**

- ▪ Wer ist der Gruppenleiter? (Vorgesetzter oder Teammitglied?)
- ▪ Ist die Teilnahme an der Gruppe freiwillig oder verpflichtend angeordnet?
- ▪ Wird der Mitarbeiter für die Arbeit im Team freigestellt oder erledigt er die Aufgaben parallel zu seiner „normalen" Tätigkeit?
- ▪ Werden die Gruppen in die Arbeitsorganisation temporär oder dauernd integriert?
  - → In die Arbeitsorganisation integrierte temporäre Gruppen, z.B. Qualitätszirkel
  - → In die Arbeitsorganisation integrierte dauernde Gruppen, z.B. teilautonome Arbeitsgruppen
- ▪ Wurden der Gruppe Handlungs– und Entscheidungskompetenzen übertragen?

- Welche Ziele verfolgt das Team?
- Ist es eine formelle oder informelle Gruppe? (Differenzierung nach der Entstehung)

Klassische Formen der Gruppenarbeit

Zu den klassischen Formen der Gruppenarbeit zählen z.B.
Problemlösegruppen, Werkstattgruppen, Lernstattgruppen, Kollegien, Gremien, Projektgruppen, Zirkel, Taskforce

Problemlöse-gruppen	Problemlösegruppen sind **aufgabenorientiert** und sollen den unterschiedlichsten **Problembewältigungen** dienen. - Sie sollen Lösungen und Verbesserungen aufzeigen - Sie sollen Mitarbeiter zur Entscheidungsfindung befähigen Bsp. für Problemlösegruppen: Gremien, Arbeitsgruppen, Projektgruppen, Qualitätszirkel, Gesundheitszirkel, Sicherheitszirkel, Wertanalysegruppen, KVP-Teams
Werkstatt-gruppen	Werkstattgruppen **dienen der Verbesserung der Arbeitsorganisation** (z.B. Verbesserung der menschlichen Aspekte beim Arbeiten, Kundenfreundlichkeit) - im Gegensatz zur reinen Fließfertigung. Dabei werden **Arbeitsschritte gebündelt und an einem Platz zusammengefasst.** Bsp. für Werkstattgruppen: Fertigungsinseln, Boxenfertigung, Sternfertigung **Vorteile der Werkstattgruppen:** - Mehr Abwechslung, weniger Monotonie, Steigerung der Arbeitszufriedenheit - Verbesserung der Flexibilität und der Einsatzmöglichkeiten der Mitarbeiter - Höheres Qualifikationsniveau
Lernstatt-gruppen	Lernstatt (= **Lernen in der Werkstatt**) ist eine Einrichtung zum **Austausch und zur Vertiefung betrieblicher Erfahrungen und Förderung des Wissensstands.** Eine Lernstattgruppe dient zur Schulung/Qualifizierung der Mitarbeiter und ist damit ein Instrument der Personalentwicklung. Dabei wird der Mitarbeiter von seiner eigentlichen Arbeit freigestellt und eignet sich in einer solchen Lernstatt(-gruppe) durch den Austausch betrieblicher Erfahrungen weitere Kenntnisse und Fertigkeiten an. **Hinweis:** Der Begriff „Lernstatt" stammt aus den 70er Jahren und wurde ursprünglich entwickelt, um ausländische Arbeitnehmer besser in den Betrieb zu integrieren und Sprachprobleme zu reduzieren.

Neue Formen der Gruppenarbeit

Zu den neueren Formen der Gruppenarbeit zählen z.B.

teilautonome Arbeitsgruppen (TAG), Teamarbeit, Teamentwicklung

Teamarbeit	Ein Team ist eine Gruppe, die sich als Einheit sieht und sich nach außen hin abgrenzt. Es arbeitet relativ selbständig, d.h. ohne strukturelle Vorgaben von außen, an einer gemeinsamen Aufgabe; der Lösungsweg wird durch das Team bestimmt. Dies geschieht im Idealfall gleichberechtigt auf Grundlage gegenseitiger Anerkennung und Sympathie.
	Um eine gute und reibungslose Teamarbeit zu gewährleisten, sollten die Mitarbeiter etwa auf dem selben Niveau in punkto Leistungsfähigkeit und Leistungsbereitschaft sein. Ein Team erzielt unter eigenständiger Leitung und Kontrolle ein Gesamtergebnis.
Teilautonome Arbeitsgruppen (TAG) oder Arbeit in Gruppen	Teilautonome oder selbst gesteuerte Arbeitsgruppen erledigen ihre Aufgaben nach ihren eigenen Vorstellungen.
	TAG bieten den Mitarbeitern die Möglichkeit, **selbständig eine ganzheitliche Aufgabe** zu bearbeiten. Mit dem Hinweis auf die Teilautonomie (= **selbststeuernd**) wird betont, dass die Gruppe nicht nur produzierende, sondern auch planende und kontrollierende Aufgaben übernimmt und selbständig Entscheidungen über Art und Weise der Arbeitsaufteilung und Arbeitsorganisation trifft.
	TAG dienen hauptsächlich der Entscheidungsfindung vor Ort und der Steigerung der Motivation.
Teamentwicklung	Teamentwicklung ist ein Instrument der Personalentwicklung, ein aktiv gesteuerter Prozess der Verbesserung der Zusammenarbeit und Kooperationsbereitschaft sowie der Förderung des Teamgeistes der Mitarbeiter. Ziel ist die Steigerung der Arbeitseffizienz des Teams. Als Methode wird zumeist ein Workshop zur Bearbeitung gruppeneigener Fragestellungen gewählt.

Welche positiven Auswirkungen hat Gruppenarbeit, am Beispiel der teilautonomen Arbeitsgruppe (TAG)? **?**

Positive Auswirkung der Gruppenarbeit auf ...

Mitarbeiter	Organisation	Produktion
■ Intrinsische Motivation durch Aufgabenorientierung ■ Steigerung der Produktkompetenz	■ Verringerung von hierarchischen Positionen ■ Höhere Flexibilität ■ Höhere Kundenzufriedenheit	■ Verbesserung der Produktqualität ■ Bessere Reaktionsmöglichkeiten und Reaktionszeiten bei Anfragen

Mitarbeiter	Organisation	Produktion
■ Verbesserung von Qualifikationen und Kompetenzen ■ Erhöhung der Flexibilität ■ Qualitative Veränderung der Arbeitszufriedenheit ■ Abbau einseitiger Belastung ■ Qualifizierungschancen, Lern- und Entwicklungsmöglichkeiten für Mitarbeiter ■ Ausgleich von Schwächen und gezieltes Einbringen der Stärken Einzelner ■ Ganzheitlichkeit, größere Vielfalt der Arbeit	■ Kosteneinsparungen ■ Veränderte Vorgesetztenkontrolle, mehr Freiräume für Führungsaufgaben ■ Verminderung von Fehlzeiten und Fluktuation durch größere Arbeitszufriedenheit ■ Höhere Akzeptanz für Entscheidungen	■ Verminderung der Durchlaufzeiten ■ Verringerung arbeitsablaufbedingter Wartezeiten und Stillstandzeiten ■ Erhöhung der Flexibilität ■ Verminderung von Fehlzeiten und Fluktuation

 Welche Nachteile kann eine TAG haben?

■ Hohe soziale Anforderungen an die Mitarbeiter zusätzlich zur fachlichen Qualifikation können zu Überforderung führen

■ Mitarbeiter in TAG stehen unter permanentem Druck, denn ein großer Handlungsspielraum, hohe Verantwortung und Autonomie stellen hohe Anforderungen an den Mitarbeiter - dies kann überfordern

■ Die Selbstkontrolle der Gruppe und damit einhergehend der Gruppenzwang kann entweder dazu führen, dass Mitarbeiter davon abgehalten werden, in ihrer Leistung von der Gruppennorm positiv abzuweichen oder dazu, dass leistungsschwache Gruppenmitglieder diskriminiert werden

■ Qualifizierungsmaßnahmen und folglich höhere Kosten sind erforderlich, damit sich der Mitarbeiter vom Befehlsempfänger zum unternehmerisch Denkenden und Handelnden wandelt

■ Mögliche Probleme bei der Entlohnung, insbesondere bei der Aufteilung des Lohnes auf die einzelnen Gruppenmitglieder

■ Konflikte durch unterschiedliches Leistungsvermögen in der TAG

In welchen Schritten geht man bei der Einführung von Gruppenarbeit vor? **?**

Vorgehen bei der Einführung von Gruppenarbeit:

1. Bildung eines Steuerkreises und Erarbeitung eines Gruppenkonzeptes

Der Steuerkreis setzt sich aus mittleren und oberen Führungskräften und der Arbeitnehmervertretung zusammen. Er erarbeitet das Konzept, informiert, wertet Informationen aus und stößt regulierende Maßnahmen an.

Das Gruppenarbeitskonzept sollte in einer Betriebsvereinbarung festgehalten werden.

2. Auswahl von Gruppenbetreuern (Ansprechpartnern) und Kommunikation des Gruppenkonzeptes

Die Gruppenbetreuer übernehmen anfangs eine intensive Begleitung der Gruppen und stehen den Gruppenmitgliedern später bei Bedarf zur Verfügung. Darüber hinaus sind sie Beobachter, die dem Steuerkreis berichten.

Information und Kommunikation über das Gruppenarbeitskonzept, d.h., alle Mitarbeiter werden ausführlich informiert, und es wird ein einheitliches Grundverständnis geschaffen.

3. Schulung der Mitarbeiter und Einführung der Gruppenarbeit

Mitarbeiter werden auf die Gruppenarbeit im Rahmen einer Schulung vorbereitet.

Wesentlicher Inhalt sind das detaillierte Konzept der Gruppenarbeit sowie Hinweise zur Arbeitsweise innerhalb der Gruppen.

4. Evaluation der Ergebnisse und Weiterentwicklung der Gruppenarbeit

Im Rahmen der Evaluation wird von Zeit zu Zeit überprüft, inwieweit die Ziele der Gruppenarbeit (wie Mitarbeiterzufriedenheit, Wirtschaftlichkeit) erreicht werden.

Schließlich kann eine Weiterentwicklung der Gruppenarbeit um ergänzende Instrumente wie KVP, Prämienentgelt, ein von der Gruppe verwaltetes Gleitzeitkonto etc. erfolgen.

Inselkonzept

 Was versteht man unter einem Inselkonzept?

Lerninseln können als Qualifizierungs– und Lernform während und inmitten der beruflichen Arbeit beschrieben werden. **„Arbeiten" und „Lernen" wird verknüpft und als Lerninsel eingerichtet**, d.h.,

in Gruppenarbeit werden in diesen Inseln gleiche und reale Arbeitsaufgaben, wie im Erwerbsbereich, selbständig verrichtet, allerdings ist in der Lerninsel mehr Zeit vorhanden, und die Arbeit ist angereichert um Lerninhalte und Lernprozesse.

Das Lerninselkonzept beruht auf der Erkenntnis, dass komplexe Arbeitsstrukturen und Produktionsprozesse am besten handlungsorientiert, durch Erfahrungslernen vermittelt werden können.

Es geht bei den Inseln daher nicht nur um die Vermittlung von betrieblich notwendigem Fachwissen, sondern es werden vielmehr alle Kompetenzen (Methoden-, Sozial-, Fach- und Persönlichkeitskompetenz) angesprochen.

 Welches Ziel verfolgt das Inselkonzept?

Ziel des Inselkonzeptes:
Förderung des dezentralen und handlungsorientierten Lernens direkt im Arbeitsbereich - die Trennung von Arbeit und Lernen wird aufgehoben.

6.1.2 Konzepte der Telearbeit

Neue Informations- und Kommunikationstechnologien ermöglichen die Verlagerung der Arbeitsstätte an jeden denkbaren Ort. Es ist somit nicht mehr erforderlich, dass jeder Arbeitnehmer im Betrieb persönlich anwesend ist.

DEFINITION TELEARBEIT

Unter dem Begriff Telearbeit werden verschiedene Arbeitsformen zusammengefasst, bei denen Mitarbeiter zumindest einen Teil der Arbeit außerhalb der Betriebsstätte des Arbeitgebers verrichten.

Welche typischen Merkmale kennzeichnen die Telearbeit?

Typische Merkmale der Telearbeit:

- Räumliche Trennung von Arbeitsort und Arbeitgeber
- Betriebsstätte ist durch elektronische Kommunikationsmittel mit dem außerhalb liegenden Arbeitsplatz verbunden; die Tätigkeit stützt sich auf Informationstechniken; Arbeitsaufträge und -ergebnisse werden zumeist elektronisch übermittelt
- Vereinbarungen über Arbeitsziele, Termine usw. werden mit dem Arbeitgeber, dem Arbeitsteam oder beiden getroffen
- Zur-Verfügung-Stellung der Technik eines Telearbeitsplatzes obliegt dem Arbeitgeber

Welche Voraussetzungen benötigt die Telearbeit, um gut zu funktionieren?

Voraussetzungen für Telearbeit:

- Eignung der Tätigkeiten für Telearbeit
  wie klar definierte und abgegrenzte Aufgaben; nicht zeit- und/oder ortsgebundene Tätigkeiten; ständige Anwesenheit im Betrieb ist nicht erforderlich; Tätigkeiten sind im häuslichen Bereich zu bearbeiten etc.
- Hohes Maß an Informations– und Kommunikationsfluss zwischen Telearbeiter und den anderen Mitarbeitern
- Hohe Selbstdisziplin und Selbstorganisation, um anfallende Arbeiten termingerecht zu erledigen
- Technische Voraussetzungen wie Telekommunikation, Computervernetzung und Datenübertragung
- Datenschutz und Datensicherheit müssen an der Telearbeitsstätte gewährleistet sein
- Betriebssicherheit der technischen Geräte, ergonomische Gestaltung des Telearbeitsplatzes sowie Arbeitssicherheit am Telearbeitsplatz muss gewährleistet sein

Welche Vor- und Nachteile bietet Telearbeit?

Vor- und Nachteile der Telearbeit:

Mögliche Vorteile der Telearbeit	Mögliche Nachteile der Telearbeit
■ Freie Einteilung der Arbeitszeit; flexible Anpassung der Arbeitszeit an den eigenen Rhythmus	■ Verlust des sozialen und betrieblichen Umfeldes, Fehlen sozialer Kontakte
■ Bessere Vereinbarkeit von Familie und Beruf, familienfreundlich	■ Vereinsamung von Telearbeitern
■ Weniger Zeitverlust durch lange Anfahrtszeiten und Verkehrsstaus	■ Mängel im Arbeitsschutz
■ Das Unternehmen muss weniger Büroflächen zur Verfügung stellen (→ Kostenersparnis)	■ Selbstausbeutung, kann Arbeitssucht Vorschub leisten
■ Höhere Zufriedenheit und Produktivitätssteigerung, da ein höheres Maß an Selbstbestimmung gegeben ist	■ Identifikationsverlust aufgrund örtlicher Trennung mit dem Unternehmen
■ Ruhige Arbeitsatmosphäre, bessere Konzentration, weniger Ablenkung	■ Räumliche und zeitliche Vermischung von beruflicher und privater Tätigkeit
■ Standortunabhängige Arbeitsbeziehung	■ Probleme beim Datenschutz
■ Weniger Belastung durch den täglichen Berufsverkehr	■ Evtl. Auftreten von Informationsdefiziten
	■ Evtl. Probleme in der Führung der Telemitarbeiter

 Was versteht man unter „alternierender" Telearbeit?

Alternierende (= **wechselnde**) Telearbeit ist eine spezielle Form der Telearbeit und die vorherrschende Version der Telearbeit.

Bei der alternierenden Telearbeit verrichtet der Arbeitnehmer einen Teil seiner Arbeit in den Räumlichkeiten des Arbeitgebers und einen Teil zu Hause.

Der Arbeitgeber stellt hierbei mehreren Personen gemeinsam einen Arbeitsplatz zur Verfügung. Dieser wird von den Arbeitnehmern nach vorheriger Absprache zu unterschiedlichen Zeiten genutzt.

Um auch bei einem Telearbeitsplatz eine soziale Bindung beizubehalten, wird bei der alternierenden Telearbeit in der Regel an nicht mehr als maximal drei Wochentagen zu Hause gearbeitet.

Für „alternierende Telearbeit" gilt, dass der betriebliche Arbeitsplatz mit dem außerbetrieblichen (häuslichen) gleichgestellt ist. Die telearbeitenden Arbeitnehmer genießen dieselben Rechte und Pflichten wie die nicht-telearbeitenden Arbeitnehmer,
d.h., Tarifverträge, soziale Rechte und Zuständigkeiten des Betriebsrats bleiben bei der „alternierenden Telearbeit" voll erhalten.

6.2 Lernförderliche Arbeitsgestaltung

DEFINITION ARBEITSGESTALTUNG

Unter Arbeitsgestaltung versteht man Maßnahmen zur Anpassung der Arbeit an den Menschen.

Die Arbeitsgestaltung umfasst alle technischen, organisatorischen und personellen Maßnahmen zur Optimierung der Arbeitsprozesse.

Ziele der Arbeitsgestaltung:

- Belastungen abzubauen
- Auf Arbeitszufriedenheit und Leistung positiv einzuwirken
- Ergonomie und Humanisierung der Arbeit zu gewährleisten

Hierbei sind die Zusammenhänge zwischen der Beschaffenheit des Arbeitsplatzes und des Umfeldes sowie der Leistungsmöglichkeit des Menschen zu beachten, mit dem Ziel, die Gesundheit, die Motivation und die Zufriedenheit des Mitarbeiters zu erhalten.

BEACHTE

Eine lernförderliche Arbeitsgestaltung setzt eine Berücksichtigung der gesicherten arbeitswissenschaftlichen Erkenntnisse voraus.

Schwerpunkte der Arbeitsgestaltung:

Gestaltung des Arbeitsplatzes	Hierbei muss insbesondere berücksichtigt werden:
	- Anthropometrie (Berücksichtigung der Körpermaße und –formen)
	- Arbeitsphysiologie (Berücksichtigung der Körperfunktionen)
	- Arbeitspsychologie (Wirkung von Umwelteinflüssen und Aufgabengestaltung)
	- Sicherheitstechnik (Unfallverhütung und Vermeidung von Berufskrankheiten)
	- Gestaltung der Arbeitszeit (mit unterschiedlichsten Arbeitszeitmodellen wie Gleitzeit, variable Arbeitszeit, Schichtsystemen, Zeitguthaben, Jobsharing)
	- Gestaltung des Lohns

Gestaltung der Arbeitsumgebung	Hierbei muss insbesondere berücksichtigt werden: ■ Klima, ■ Licht, ■ Farbe, ■ Lärm Beispiele: Raumgestaltung, Beleuchtung, Farbgestaltung, Raumklima und Luftqualität, Lärmschutz, Brandschutz, Sicherheitskennzeichnung **Hinweis:** Die negative Einwirkung einer ungünstigen Arbeitsumgebung auf den Mitarbeiter soll vermieden werden.
Gestaltung der Arbeitsmittel	Hierbei muss insbesondere berücksichtigt werden: ■ Ergonomische Gestaltung handgeführter Arbeitsmittel ■ Bei Computerarbeitsplätzen die richtige Positionierung des Bildschirms, des Stuhls, der Tastatur und der Maus ■ Aufgabenangemessenheit ■ Zuverlässige und störungsfreie Arbeitsmittel ■ Selbstbeschreibungsfähigkeit bei Computerprogrammen etc.
Gestaltung der Arbeitsorganisation	Es geht um Maßnahmen zur Gestaltung und Strukturierung der Arbeitsinhalte, der Art der Arbeitsteilung und der Arbeitszeitgestaltung. Hierbei muss insbesondere berücksichtigt werden: ■ Arbeitszeiten, Schichtarbeit ■ Pausengestaltung ■ Arbeitsstrukturierung

Hauptziele der Arbeitsgestaltung:

Ergonomie und Humanisierung der Arbeit als wichtigste Voraussetzungen für einen präventiven Arbeitsschutz.

6.2.1 Arbeits– und Lernbedürfnisse der Beschäftigten

Welche Arbeits– und Lernbedürfnisse haben Beschäftigte? **?**

Mitarbeiter wollen ...

gefordert und gefördert werden	sich mit dem Arbeitsplatz und dem Unternehmen identifizieren
Spaß bei der Arbeit haben	sich selbst verwirklichen, ihre Fähigkeiten entfalten
Aufgaben als Herausforderung annehmen	sich im Rahmen ihrer Möglichkeiten in ihre Arbeit einbringen

... lernen

Arbeits– und Lernbedürfnisse der Mitarbeiter werden im Rahmen der Personalentwicklungsplanung systematisch erfasst und in - speziell auf den Mitarbeiter abgestimmten - Personalentwicklungsmaßnahmen umgesetzt.

6.2.2 Lernchancen am Arbeitsplatz

Was heißt Lernen am Arbeitsplatz? **?**

Lernen am Arbeitsplatz heißt, dass ...

- die Arbeit und die darin liegenden Anforderungen der Ausgangspunkt von Lernprozessen sind,
- die Lernprozesse zeitlich mit den Arbeitsprozessen verknüpft sind,
- das Lernen formell oder informell geschehen kann,
- vor, während oder nach der Arbeitshandlung gelernt werden kann.

215

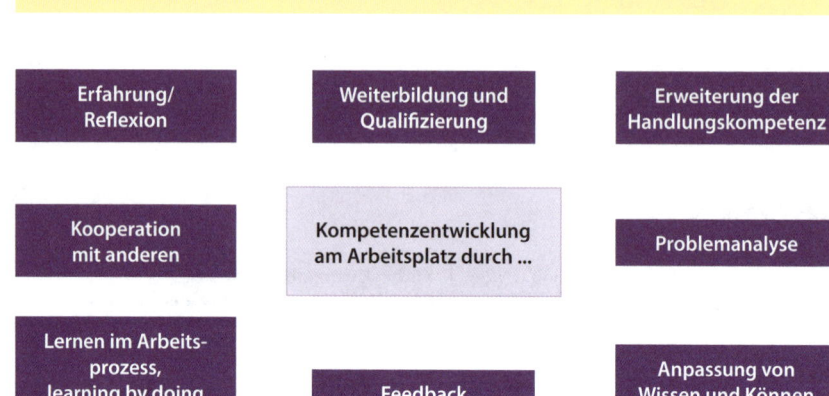

 Welche Lernchancen bietet der Arbeitsplatz?

| Erfahrung/ Reflexion | Weiterbildung und Qualifizierung | Erweiterung der Handlungskompetenz |

| Kooperation mit anderen | Kompetenzentwicklung am Arbeitsplatz durch ... | Problemanalyse |

| Lernen im Arbeitsprozess, learning by doing | Feedback | Anpassung von Wissen und Können |

6.2.3   Handlungsspielräume am Arbeitsplatz

Lernförderliche Arbeitsbedingungen sind so zu gestalten, dass sie Lernprozesse fördern und fordern.

? **Welche lernförderlichen Arbeitsbedingungen werden unterschieden?**

Folgende lernförderlichen Arbeitsbedingungen werden unterschieden:

- **Selbständigkeit** bei der Arbeit, Handlungs- und Aktionsspielraum, Verantwortungsübernahme
- **Variabilität der Aufgaben**, z.B. durch Wechsel der Aufgaben
- **Komplexität** der Tätigkeit
- **Partizipationsmöglichkeiten** der Mitarbeiter, z.B. Mitgestaltung der Arbeitsabläufe, Mitsprache bei der Anschaffung von Arbeitsmitteln
- Leichter Zugang zu Hintergrundwissen und **Information**
- Gute **Kooperation und Kommunikation**
- **Feedback** durch Kollegen, Vorgesetzte, Kunden
- Berücksichtigung auch individueller Entwicklungsziele
- Möglichkeit der Selbstkontrolle und Korrektur
- **Kooperativer Führungsstil**

- Ganzheitliches Lernen, offenes Lernklima, Lernunterstützung und Zeit zum Lernen
- **Herausforderung**, aber keine Überforderung (→ Fördern heißt fordern!)

Welche Vorteile bieten lernförderliche Arbeitsbedingungen dem Unternehmen und dem Mitarbeiter?

Vorteile lernförderlicher Arbeitsbedingungen für das Unternehmen	Vorteile lernförderlicher Arbeitsbedingungen für den Mitarbeiter
- Wettbewerbsfähigkeit - Schaffung von Innovationen und kontinuierlichen Verbesserungsprozessen - Erhöhung der Produkt- und Prozessqualität - Reduzierung von Fehlzeiten und Fluktuation - Steigerung der Mitarbeiterbindung	- Sicherung der Beschäftigungsfähigkeit - Erhaltung und Förderung von Lernfähigkeit, Lernbereitschaft und Veränderungsbereitschaft - Erhöhung der Arbeitsqualität und Zufriedenheit - Reduzierung von Belastungen - Steigerung des psychischen und physischen Wohlbefindens

BEACHTE

Die Lernförderlichkeit der Arbeitsplätze spiegelt sich deutlich in den Einstellungen und Kompetenzen der Mitarbeiter wider.

6.3 Moderne Lernorganisation

6.3.1 Lernprozesse

 Was versteht man unter einem Lernprozess?

Lernen ist ein in das Leben des Menschen eingebetteter, kontinuierlicher Prozess, bei dem sich die kognitiven, affektiven und psychomotorischen Fähigkeiten weiterentwickeln.

Der Prozess des Lernens wird als der Weg verstanden, auf dem Lernerfahrungen gemacht werden.

 Was ist bei der Gestaltung von Lernprozessen zu beachten?

- Interesse für die Lerngegenstände wecken.
- Wissen so zu vermitteln, dass der Lernende dessen Bedeutung erkennt und Neues mit Vorhandenem verknüpfen kann.
- Für Verarbeitung und Speicherung neuen Wissens ausreichend Zeit gewähren.
- Störungen berücksichtigen, denn der Lernprozess wird in der Realität nicht glatt durchlaufen. Der Prozess kann abbrechen, einzelne Phasen können übersprungen werden, und es kann sein, dass Schwierigkeiten auf einer bestimmten Stufe dazu führen, dass noch einmal zu vorangegangenen Stufen „zurückgesprungen" wird.

 Welche Phasen des Lernprozesses werden unterschieden?

Phasen des Lernprozesses:

1. Wahrnehmen

Der Lernende muss die verschiedenen Informationsangebote registrieren bzw. wahrnehmen.

2. Aufnehmen (Decodieren)

Der Lernende muss die Signale richtig entschlüsseln.

3. Sortieren, Speichern, Verknüpfen

Die entschlüsselten Informationen werden strukturiert, mit vorhandenem Wissen verknüpft sowie schließlich gespeichert.

4. Gedankliches Verarbeiten

Das neue Wissen wird denkend erprobt.

5. Praktisches Einsetzen (Ausprobieren und Perfektionieren)

Das Wissen wird nun in praktischen Handlungen eingesetzt. Jetzt zeigt sich, ob das Gelernte verstanden und richtig und vollständig umgesetzt wurde.
Des Weiteren geht es um die Optimierung der Tätigkeitsabläufe.

6. Auswerten, Bewerten

Aufgrund der Erfahrungen werden die Denkprozesse neu bewertet und geordnet. Es werden Rückschlüsse für kommendes Lernen gezogen.

7. Stabilisieren und Transferieren

Sicherstellung der Speicherung im Langzeitgedächtnis durch Wiederholen mit Variationen.

6.3.2   Zentrales und dezentrales Lernen (örtlich)

Was versteht man unter zentralem und dezentralem Lernen?   **?**

Zentrales Lernen	Dezentrales Lernen
= Lernende sind **an einem Lernort** (örtlich) versammelt	= Lernende sind **nicht an einem Lernort** versammelt
■ Lernen in zentralen Einrichtungen, z.B. in zentralen Bildungsstätten ■ Lernbegleiter ist der Trainer/Dozent, nicht die Führungskraft vor Ort ■ Organisierter Lernprozess	■ Lernen am Arbeitsplatz/ im Arbeitsprozess; selbstorganisiertes Lernen und erfahrungsgeleitetes Lernen ■ Führungskräfte vor Ort werden miteinbezogen, d.h. Verlagerung des Lernens in unmittelbar wertschöpfende Bereiche

Zentrales Lernen	Dezentrales Lernen
→ Übungs– und Projektaufgaben, Imitation und Simulation der Arbeitswirklichkeit → Flexibilität, Offenheit und Modernität von Lerninhalten; unplanbare, variable Bedingungen; Kontingenz	→ Auftragsbezogenes selbstgesteuertes Lernen → Geplante, systematische Anlage von Lernzielen und Lerninhalten; festgelegte Bedingungen
Beispiele: Werkunterricht, Lehrwerkstatt, Übungsfirma, Präsenzseminare, innerbetriebliche Lerngruppen	Beispiele: Einzelunterricht oder Einzelunterweisung am Arbeitsplatz, Lernen durch Mitarbeit (learning by doing)
Vorteile: ■ Organisierter systematischer und standardisierter Lernprozess ■ Es kann ohne störende Auswirkungen auf den Produktionsablauf gelehrt und gelernt werden ■ Persönlichkeitsentwicklung durch produktionsunabhängige Lernprozesse ■ Berücksichtigung entwicklungs– und lernpsychologischer Erkenntnisse	Vorteile: ■ Identifikationsmöglichkeit mit der Arbeit ■ Bindung an reale Arbeitsinhalte und reale Arbeitsbedingungen → „Ernstcharakter" ■ Ganzheitliche Arbeitsprozesse ■ Flexibilität ■ Erwerb beruflicher Handlungskompetenz durch situations-, erfahrungs– und gestaltungsorientiertes Lernen

BEACHTE

Beim dezentralen Lernen ändert sich die Rolle und Funktion des Ausbilders, der nun im Zentrum des Lernens steht. Daher muss er hohe berufs– und arbeitspädagogische Fähigkeiten aufweisen. Daneben sind neue Lernorganisationsformen, wie z.B. Lerninseln, zu integrieren.

6.3.3 Überbetriebliches und betriebliches Lernen

? Was versteht man unter überbetrieblichem und betrieblichem Lernen?

Überbetriebliches Lernen	Betriebliches Lernen
= **Lernen, das in Bildungs– oder Ausbildungseinrichtungen** stattfindet, strukturiert ist und evtl. zu einer Zertifizierung führt	= **Lernen im Betrieb**
Sinnvoll bei der Vermittlung von allgemeinen oder firmenübergreifenden Lerninhalten und/oder branchenspezifischen Kenntnissen	Sinnvoll bei der Vermittlung von betriebsspezifischen Lerninhalten

Überbetriebliches Lernen	Betriebliches Lernen
Beispiele:	**Beispiele:**
Lernen bei Verbänden, Kammern, Bildungszentren, überbetrieblichen Berufsbildungsstätten	Lernen am Arbeitsplatz, Lerninseln, Qualitätszirkel, Projektgruppen, Lernstationen
Vorteile:	**Vorteile:**
■ Unternehmen werden von der Bildungsarbeit entlastet - sie müssen kein eigenes Know-how aufbauen ■ Keine Anschaffungskosten für Medien, Schulungsräume, Lernmittel etc. ■ Unternehmen können durch überbetriebliches Lernen voneinander lernen (→ Erfahrungsaustausch, Synergie-Effekte)	■ Lernen ist handlungsorientiert, auf die spezifischen Belange des Unternehmens ausgerichtet ■ Know-how bleibt im Unternehmen ■ Bessere Abstimmung des Lernens auf den Mitarbeiter, da das Unternehmen seine Mitarbeiter am besten kennt

6.3.4 Möglichkeiten des Wissensmanagements

Wissensmanagement beschäftigt sich mit dem Erwerb, der Entwicklung, dem Transfer, der Speicherung sowie der Nutzung von Wissen in Unternehmen.

Wissen wird im globalen Wettbewerb zu einer immer wichtigeren Ressource. **Durch Wissensmanagement wird vorhandenes Wissen im Betrieb zu lebendigem Wissen**, also Wissen, das gezielt genutzt, langfristig weitergegeben und planvoll ausgebaut wird.

Vorhandenes Wissen muss im Unternehmen identifiziert, klassifiziert, systematisiert, integriert und zugänglich gemacht werden.

Welche Ziele verfolgen Unternehmen mit dem Einsatz von Wissensmanagement? **?**

Grundsätzliches Ziel des Wissensmanagements ist es, Wissen im Unternehmen zu identifizieren, zu erwerben, weiterzugeben und zu halten.

Ziele des Wissensmanagements:

■ Wissensbeschaffung, d.h., Identifizierung, Erfassung und Strukturierung von Wissen

■ Steigerung der Innovations- und Wettbewerbsfähigkeit des Unternehmens

■ Steigerung der Lernfähigkeit der Organisation hin zur "lernenden Organisation"

■ Wissensaneignung, d.h., durch das Wissensmanagement sollen die Mitarbeiter motiviert werden, Wissen zu erwerben und zu nutzen

- Erhöhung der Motivation der Mitarbeiter als „Mitdenker"
- Wissensentwicklung und Wissensweiterentwicklung
- Wissenstransfer
- Wissensarchivierung, um das Wissen im Unternehmen zu halten
- Vermeidung unnötigen Ressourcenaufwands („Das Rad nicht ständig neu erfinden!"); Kostenreduzierung durch die Vermeidung von redundanter Arbeit sowie Wiederholung von Fehlern
- Verbesserung der Problemlösekompetenz des Unternehmens
- Nutzung brachliegender Wissensressourcen der Organisation
- Vernetzung von Expertenwissen
- Verbesserung des Kommunikationsflusses
- Kreativitätsförderung
- Erfahrungsgewinn bei den Mitarbeitern
- Steigerung der Qualität und Innovation der Produkte
- Transparentmachung der eigenen Organisation
- Darstellung von Wissen

 Welche Bausteine des Wissensmanagements werden unterschieden?

Erwerb und Akquisition von Wissen

Welches Wissen kauft das Unternehmen extern ein? In welches Wissen wird intern investiert?

Wissensidentifikation

Was ist das relevante Wissen im Unternehmen? Wer beherrscht das Wissen?

Speicherung und Aufbewahrung des Wissens

Wie dokumentiert und archiviert das Unternehmen Wissen? Standardisierte Erfassung und Verwaltung des Wissens ist notwendig.

Entwicklung des Wissens

Wie kann Wissen intern entwickelt werden? Wie kann eine individuelle Erfahrung zu Unternehmenswissen transformiert werden?
Wichtig: Interaktion und Transparenz, sowie Etablierung eines Regelkreises zur Verbesserung des Wissensmanagements

Bausteine des Wissensmanagements

Pflege des bestehenden Wissens

Selektion, Aktualisierung, Speicherung, Löschung und Vernetzung des Wissens

Wissensnutzung/ Wissensverteilung

Wie kann das Unternehmen vorhandenes Wissen sinnvoll und produktiv nutzen? Wer braucht welches Wissen? Qualifizierung und Information der Mitarbeiter über betriebliche Fakten, Prozesse, Entwicklungen, Regelungen etc.

Welche Vor- und Nachteile bietet Wissensmanagement im Unternehmen?

Vorteile des Wissensmanagements	Nachteile des Wissensmanagements
■ Wiederverwendung von Information und Wissen	■ Hoher Zeitaufwand für Implementierung und Pflege des Wissensmanagementsystems
■ Schneller Zugriff auf Informations- und Wissensquellen	■ Hohe Kosten, da Mitarbeiter aus- und weitergebildet werden müssen, damit sie Informationen kompetent verwalten, weitergeben und bezüglich ihrer Relevanz für sich und andere bewerten können
■ Produktivitätssteigerung, Qualitätsverbesserung und effizientere Arbeitsabläufe durch ständigen Informationszugang	
■ Systematische Erfassung des Erlernten und Einbindung in das Unternehmen	■ Kosten für Implementierung und Pflege des Wissensmanagementsystems
■ Förderung der Kommunikations- und Kooperationsbereitschaft	■ Mangel an akzeptablen Bewertungssystemen, da Wissen nicht objektivierbar ist
■ Unterstützung einer schnellen und kostengünstigen Entscheidungsfindung	
■ Bessere Dokumentation und Wissensarchivierung	

Welche Voraussetzungen müssen für eine erfolgreiche Einführung eines Wissensmanagements vorliegen?

■ Wissen kann nur geteilt, bewahrt und weiterentwickelt werden, wenn die Menschen, die dieses Wissen besitzen, bereit und fähig sind, mit anderen zu kooperieren und ihr gesamtes Wissen dem Unternehmen zur Verfügung zu stellen. Verteilung von Wissen muss sich für alle lohnen.

■ Im Unternehmen muss es Vertrauen, Zuverlässigkeit sowie Transparenz und eine wissensfördernde Unternehmenskultur geben.
Beachte: Normen, Privilegien und Tabus sind Barrieren gegen Wissensentwicklung.

■ Hohes Maß an Kommunikationsfähigkeit der Mitarbeiter im Unternehmen.

■ Mitarbeiter müssen vom Nutzen des Wissensmanagements überzeugt sein.

■ Eine gelebte Unternehmenskultur, die einen kontinuierlichen Wissensaustausch unterstützt und fördert.

■ Bereitschaft der Mitarbeiter, die jeweiligen Kompetenzen zu bündeln, Wissen zusammenzuführen und Wissen auszutauschen.

■ Aktive Beteiligung aller Mitarbeiter an der Entwicklung des Wissensmanagements.

■ Gestaltung einer geeigneten wissensfördernden Arbeitsumgebung.

■ Ermöglichung eines standort- und zeitunabhängigen problemlosen Zugriffs auf vorhandenes Wissen → informationstechnologische Voraussetzungen.

> **?** An welchen Faktoren kann die Einführung eines Wissensmanagements scheitern?

- Die Vorteile eines Wissensmanagements treten erst langfristig ein
- Einstellung der Mitarbeiter „Wissen ist Macht" - folglich sind sie nicht bereit, ihr Wissen zu teilen
- Fehlende Transparenz und fehlende Anreizsysteme für Wissensweitergabe, sodass sich die Weitergabe von Wissen für die Mitarbeiter nicht lohnt
- Keine wissensfördernde Unternehmenskultur
- Mitarbeiter sind vom Nutzen des Wissensmanagements nicht überzeugt
- Wissensweitergabe bedeutet zusätzliche Belastung und hoher Zeitaufwand für die Mitarbeiter. Aufgrund von Zeitknappheit wird Wissen daher nicht weitergegeben.
- Wissenssynergien bleiben ungenutzt
- Fehlendes Bewusstsein für die Notwendigkeit des Wissenstransfers
- Keine informationstechnologischen Voraussetzungen
- Keine aktuell gepflegten Datenbanken
- Fehlendes Vertrauen in das Wissensmanagement

6.3.5 Möglichkeiten von Internet/Intranet

> **DEFINITION INTERNET**
>
> Internet (engl.) Kurzform von „interconnected networks" = untereinander verbundene Netzwerke
>
> Das Internet ist also ein **weltweites Netzwerk**, bestehend aus vielen Rechnernetzwerken, durch das Daten ausgetauscht werden.

Umgangssprachlich wird der Begriff „Internet" häufig synonym zum World Wide Web verwendet, aber es darf nicht gleichgesetzt werden, denn das Internet ist der Oberbegriff für viele einzelne Funktionen. Der meistgenutzte Internetdienst ist das „www", das vor allem der passiven Informationsabfrage dient. Ein weiterer beliebter Dienst des Internets ist das Postsystem „E-Mail". Diese Dienste haben im Wesentlichen zum Wachstum und der Popularität des Mediums Internet beigetragen.

Das Internet bietet jedem Teilnehmer eine nahezu grenzenlose **Informations- und Kommunikationsinfrastruktur**. In der heutigen Informations– und Wissensgesellschaft ist das Internet aus dem Leben nicht mehr wegzudenken.

Auch für das Unternehmen ist die Präsenz im Internet eine unverzichtbare Plattform, um sich, die Unternehmensphilosophie, die Produkte, freie Arbeitsplätze und vieles mehr zu präsentieren.

DEFINITION INTRANET

Der Begriff Intranet setzt sich zusammen aus dem lateinischen Wort „intra" für innen und aus dem englischen Wort „net" für Netz.
Ein Intranet ist ein Rechnernetz innerhalb einer Organisation, das im Gegensatz zum Internet **nicht** öffentlich ist.

Intranet = Informationsplattform im Firmennetz

Das Intranet dient dem Austausch und der Verbreitung von Informationen innerhalb eines Unternehmens oder einer Organisation. Mitarbeiter können sich im Intranet die Informationen für ihre Arbeit herunterladen, ausdrucken oder bearbeiten. Das Intranet wird zudem für E-Learning genutzt.

Im Intranet befinden sich - auf einem zentralen Webserver - **betriebsinterne Informationen**, wie wichtige Geschäftsberichte, Bilanzen, Statistiken, Organigramme, Anweisungen an die Mitarbeiter, Telefon– und Adresslisten, Urlaubsscheine, Produktinformationen, Broschüren, Datenblätter, Formulare, aber auch neueste Meldungen, Regeln und Absprachen.

Weiterhin können betriebliche Prozesse verwaltet werden, wie Urlaubs– und Fehlzeitenverwaltung, Projektplanung, Verwaltung von Werkzeugen, elektronische Beschaffung etc.

Welches Ziel und welche Vorteile bietet das Intranet? **?**

Ziel des Intranets:

Mit einem Intranet verfolgen Unternehmen das Ziel, die **Informationsversorgung für die Mitarbeiter zu verbessern.**

Vorteile des Intranets:

- Verbesserung des Austauschs und Verbreitung von Informationen, der Informationstransparenz und des Informationsflusses im Unternehmen
- Schneller Zugriff auf Daten und Informationen
- Gute Unterstützung bei der betrieblichen Dokumentation
- Möglichkeit der zeitnahen Information der Mitarbeiter
- Reduzierung der eigenen Sammlung von Arbeitsinformationen durch die Mitarbeiter
- Nutzung zur Schulung von Mitarbeitern

Das Internet erweckt Lernstoff zum Leben, denn es kann ein Thema mit Bildern, Ton, Filmen und Animationen veranschaulichen.

→ **digitales oder multimediales Lernen**

Das Internet ermöglicht folgende Lernmöglichkeiten:

- Offene oder geschlossene Lernplattformen (→ E-Learning) z.b. Webinar, Online-Kurse, web-based training, virtual classroom

- Angebote auf mobilen Endgeräten wie Tablets oder Smartphones (→ M-Learning/Mobile Learning)

- Lehrmaterial sowie unterrichtsergänzende (Online-)Materialien zum Lernen herunterzuladen bzw. diese online zu bestellen

- Online-Aktualisierungsmöglichkeiten von Wissen z.b. via Download

- In Blogs und in sozialen Netzwerke können Erfahrungen, Meinungen und Wissen ausgetauscht werden

- In Foren und Chats kann man sich mit anderen z.b. über Wissen austauschen

- Wikis zum schnellen Suchen und Finden von Wissen nutzen (Wikis= Hypertextsystem für Webseiten, deren Inhalte von den Benutzern gelesen, aber auch online direkt im Webbrowser geändert werden können → Wissensdatenbank)

Ziele von Wikis:

- Erfahrung und Wissen gemeinschaftlich zu sammeln, zu kommentieren, zu verknüpfen, zu verwerten und zu dokumentieren

- Erfahrung und Wissen allen zur Verfügung zu stellen

- Wissen mit intelligenten Suchfunktionen schnell zu finden

- Informationen verständlich darzustellen

Anhang

Literaturhinweise

Becker, Manfred: Personalentwicklung: Bildung, Förderung und Organisationsentwicklung in Theorie und Praxis, Schäffer-Poeschel, 5. Auflage, Stuttgart 2009

Birker, Klaus: Führung. Entscheidung, Praktische Betriebswirtschaft, Cornelsen Verlag, 1. Auflage, Berlin 1997

Blanchard, Kenneth; Zigarmi, Patricia; Zigarmi, Drea: Führungsstile, rororo, 7. Auflage, Reinbeck 2002

Crisand, Ekkehard; Crisand, Marcel: Psychologie der Gesprächsführung, Windmühle Verlag GmbH, 9. Auflage, Hamburg 2010

Dickemann-Weber, Birgit: Ausbildung der Ausbilder AdA (IHK) - Vorbereitung auf die Ausbildereignungsprüfung nach der AEVO, Dickemann-Weber GmbH & Co. KG, 2., überarbeitete Auflage, Erlenbach b. Kandel 2020

Dickemann-Weber, Birgit: Industriemeister (IHK) - Lehrbuch Zusammenarbeit im Betrieb, Dickemann-Weber GmbH & Co. KG, 7. Auflage, Erlenbach b. Kandel 2020

Dickemann-Weber, Birgit: Personalfachkaufleute (IHK) - Frage-Antwort-Karten-Paket Handlungsbereiche 1 bis 4, Dickemann-Weber GmbH & Co. KG, neueste Auflage, Erlenbach b. Kandel 2020

Dickemann-Weber, Birgit: Personalfachkaufleute (IHK) - Frage-Antwort-Karten Handlungsbereich 1 - Personalarbeit organisieren und durchführen, Dickemann-Weber GmbH & Co. KG, 8. Auflage, Erlenbach b. Kandel 2020

Dickemann-Weber, Birgit: Personalfachkaufleute (IHK) - Frage-Antwort-Karten Handlungsbereich 2 - Personalarbeit auf Grundlage rechtlicher Bestimmungen durchführen, Dickemann-Weber GmbH & Co. KG, 9. Auflage, Erlenbach b. Kandel 2020

Dickemann-Weber, Birgit: Personalfachkaufleute (IHK) - Frage-Antwort-Karten Handlungsbereich 3 - Personalplanung, -marketing und -controlling gestalten und umsetzen, Dickemann-Weber GmbH & Co. KG, 8. Auflage, Erlenbach b. Kandel 2020

Dickemann-Weber, Birgit: Personalfachkaufleute (IHK) - Frage-Antwort-Karten Handlungsbereich 4 - Personal- und Organisationsentwicklung steuern, Dickemann-Weber GmbH & Co. KG, 8. Auflage, Erlenbach b. Kandel 2020

Dickemann-Weber, Birgit: Personalfachkaufleute (IHK) - Lehrbuch Handlungsbereich 1 - Personalarbeit organisieren und durchführen, Dickemann-Weber GmbH & Co. K, 4. Auflage, Erlenbach b. Kandel 2020

Dickemann-Weber, Birgit: Personalfachkaufleute (IHK) - Lehrbuch Handlungsbereich 2 - Personalarbeit auf Grundlage rechtlicher Bestimmungen durchführen, Dickemann-Weber GmbH & Co. KG, 7. Auflage, Erlenbach b. Kandel 2020

Dickemann-Weber, Birgit: Personalfachkaufleute (IHK) - Lehrbuch Handlungsbereich 3 - Personalplanung, -marketing und -controlling, Dickemann-Weber GmbH & Co. KG, 4. Auflage, Erlenbach b. Kandel 2020

Dickemann-Weber, Birgit: Personalfachkaufleute (IHK) - Lehrbuch Komplettpaket Handlungsbereiche 1-4, Dickemann-Weber GmbH & Co. KG, neueste Auflage, Erlenbach b. Kandel 2020

Dickemann-Weber, Birgit: Personalfachkaufleute (IHK) - Lernkarten Handlungsbereich 1 - Personalarbeit organisieren und durchführen, Dickemann-Weber GmbH & Co. KG, 12. Auflage, Erlenbach b. Kandel 2020

Dickemann-Weber, Birgit: Personalfachkaufleute (IHK) - Lernkarten Handlungsbereich 2 - Personalarbeit auf Grundlage rechtlicher Bestimmungen durchführen, Dickemann-Weber GmbH & Co. KG, 16. Auflage, Erlenbach b. Kandel 2020

Dickemann-Weber, Birgit: Personalfachkaufleute (IHK) - Lernkarten Handlungsbereich 3 - Personalplanung, -marketing und -controlling gestalten und umsetzen, Dickemann-Weber GmbH & Co. KG, 12. Auflage, Erlenbach b. Kandel 2020

Dickemann-Weber, Birgit: Personalfachkaufleute (IHK) - Lernkarten Handlungsbereich 4 - Personal- und Organisationsentwicklung steuern, Dickemann-Weber GmbH & Co. KG, 12. Auflage, Erlenbach b. Kandel 2020

Dickemann-Weber, Birgit: Personalfachkaufleute (IHK) - Lernkarten Komplettpaket Handlungsbereiche 1 bis 4, Dickemann-Weber GmbH & Co. KG, neueste Auflage, Erlenbach b. Kandel 2020

Gabler Verlag (Herausgeber), Gabler Wirtschaftslexikon, online im Internet, http://wirtschaftslexikon.gabler.de

Haller, Reinhold: Mitarbeiterführung kompakt: Grundlagen, Praxistipps, Werkzeuge; Midas Management Verlag, St. Gallen/Zürich 2009

Jung, Rüdiger; Bruck, Jürgen; Quarg, Sabine: Allgemeine Managementlehre: Lehrbuch für die angewandte Unternehmens- und Personalführung, Schmidt Erich Verlag, 3. neu bearbeitete und erweiterte Auflage, Berlin 2008

Keller, Manfred: Fachlexikon für das Human Resource Management, Praxium, 2. Auflage Zürich 2009

Kiefer, Bernd-Uwe; Knebel, Heinz: Taschenbuch Personalbeurteilung: Feedback in Organisationen, Windmühle Verlag GmbH, 12. A., Hamburg 2011

Krüger, Wolfgang: Teams führen, Haufe-Lexware, 5. Auflage, Freiburg 2009

Laufer, Hartmut: Grundlagen erfolgreicher Mitarbeiterführung: Führungspersönlichkeit - Führungsmethoden - Führungsinstrumente, GABAL-Verlag GmbH, 10. Auflage, Offenbach 2010

Olfert, Klaus: Personalwirtschaft, Kiehl, 14. Auflage, Ludwigshafen 2008

Olfert, Klaus: Lexikon Personalwirtschaft, Kiehl, 2. Auflage, Ludwigshafen 2010

Pinnow, Daniel: Führen: Worauf es wirklich ankommt, Gabler Verlag, 5. Auflage, Wiesbaden 2011

Rahn, Horst-Joachim: Unternehmensführung, Kiehl Friedrich Verlag GmbH & Co.KG, 6. Auflage, Herne 2005

REFA: REFA-Lexikon - Industrial Engineering und Arbeitsorganisation, Carl Hanser Verlag, 2. Auflage, München 2011

REFA (Verband für Arbeitsgestaltung, Betriebsorganisation und Unternehmensentwicklung): Methodenlehre des Arbeitsstudiums Teil 1: Grundlagen, Hanser Verlag, München 1972

REFA: Methodenlehre der Betriebsorganisation. Anforderungsermittlung (Arbeitsbewertung), Entgeltdifferenzierung und Arbeitspädagogik - 3 Teile, Carl Hanser Verlag, 1. Auflage, München 1987

Rosenstiel, Lutz von; Regnet, Erika; Domsch, Michel E.: Führung von Mitarbeitern: Handbuch für erfolgreiches Personalmanagement; Schäffer-Poeschel, 6. Auflage, Stuttgart 2009

Schulz von Thun, Friedemann: Miteinander reden 1-3, Rowohlt Verlag GmbH, 8. Auflage, Reinbeck 2008

Statistisches Bundesamt (Destatis): Datenreport 2016, Ein Sozialreport für die Bundesrepublik Deutschland, Bonn 2016

Statistisches Bundesamt (Destatis): Statistisches Jahrbuch 2018 - Deutschland und Internationales, www.destatis.de, Wiesbaden 2018

Stroebe, Antje I.; Stroebe, Rainer W.: Motivation durch Zielvereinbarung: Engagement in der Arbeit - Erfolg in der Umsetzung, Windmühle Verlag GmbH, 3. überarbeitete Auflage, Hamburg 2010

Tschumi, Martin: Praxisratgeber zur Personalentwicklung, Praxium, 2. Auflage Zürich 2011

Weber, Dirk; Dickemann-Weber, Birgit: Industriemeister (IHK) - Lehrbuch Betriebswirtschaftliches Handeln - Formelsammlung BWL, Dickemann-Weber GmbH & Co. KG, 11. Auflage, Erlenbach b. Kandel 2020

Weibler, Jürgen: Personalführung, Vahlen Franz GmbH, 1. Auflage, München 2001

www.duden.de

www.wikipedia.de / www.wikipedia.org

Abkürzungsverzeichnis

Abb.	Abbildung	IHK	Industrie- und Handelskammer
Abs.	Absatz	ISO	International Organization for Standardization
AC	Assessment Center		
ADA	Ausbildung der Ausbilder	IT	Informationstechnik
AG	Arbeitgeber	JArbSchG	Jugendarbeitsschutzgesetz
AGG	Allgemeines Gleichbehandlungsgesetz	JuSchG	Jugendschutzgesetz
AN	Arbeitnehmer	lat.	lateinisch
AFBG	Aufstiegsbildungsförderungsgesetz	KMK	Kultusministerkonferenz
ASR	Arbeitsstättenrichtlinie	KSchG	Kündigungsschutzgesetz
BBiG	Berufsbildungsgesetz	KVP	Kontinuierlicher Verbesserungsprozess
BEM	betriebliches Eingliederungsmanagement	MA	Mitarbeiter
		max.	maximal
BetrVG	Betriebsverfassungsgesetz	MbD	Management-by-Delegation
BPR	Business Process Reengineering	MbE	Management-by-Exceptions
BR	Betriebsrat	MbO	Management-by-Objectives
BSC	Balanced Scorecard	MuSchG	Mutterschutzgesetz
Bsp.	Beispiel/Beispiele	Nr.	Nummer
BVW	Betriebliches Vorschlagswesen	OE	Organisationsentwicklung
bzw.	beziehungsweise	PE	Personalentwicklung
ca.	circa	REFA	Verband für Arbeitszeitgestaltung, Betriebsorganisation und Unternehmensentwicklung
cbt	computer based learning		
d.h.	das heißt		
Def.	Definition	ROI	Return on Investment
DIHK	Deutscher Industrie- und Handelskammertag	S.	Satz
		SGB III	Sozialgesetzbuch Drittes Buch - Arbeitsförderung
DIN	Deutsches Institut für Normung		
EDV	elektronische Datenverarbeitung	sog.	sogenannt, sogenannte, sogenannter
engl.	englisch	TA	Transaktionsanalyse
ESF	Europäischer Sozialfond	TAG	Teilautonome Gruppen
etc.	et cetera	TQC	Total-Quality-Control
EU	Europäische Union	TQM	Total-Quality-Management
evtl.	eventuell	u.a.	unter anderem
ff	fortfolgende	ÜBS	überbetriebliche Bildungsstätte
Forts.	Fortsetzung	UrhG	Urhebergesetz
ggf.	gegebenenfalls	usw.	und so weiter
i.d.R.	in der Regel	wbt	web based training
		z.B.	zum Beispiel

Stichwortverzeichnis